# 호텔 그린마케팅

# 호텔 그린마케팅

박 오 성  著

한국학술정보(주)

본 연구는 호텔의 그린마케팅에 관한 연구로써 그린마케팅에 관한 기존연구를 이론적으로 고찰한 후 서비스를 생산·판매하는 호텔기업에서 그린마케팅이 소비자들의 서비스 구매결정에 미치는 영향에 관해 실증적으로 검증하였다.

그린마케팅이란 단순히 고객의 필요와 욕구 그리고 수요의 충족에만 초점을 맞추는 것이 아니라 고객을 보다 넓은 차원에서 고려하여 인간의 삶의 질에 초점을 둔 마케팅활동으로 환경보호에 입각한 공해요인을 제거한 상품의 생산·판매 및 회수에 입각한 마케팅으로 개념화되고 있다.

환경문제에 민감하고 서비스 및 상품이 어떻게 생산·유통·판매 되는지에 예민한 소비자들은 '그린'이라는 상품의 소비에 중요한 역할을 할 것이다. 그리하여 민감한 부분인 환경에 대한 소비자들의 반응을 살펴본 것이다.

본 연구는 호텔의 이미지 제고와 경영성과를 향상시킬 수 있는 방안으로 그린마케팅에 초점을 두고, 호텔의 그린마케팅 활동요인을 도출한 후 그에 따른 서비스 구매결정과의 상관관계와 이들의 관계에 영향을 미치는 변수들을 살펴보았다.

본 연구는 문헌적 연구와 실증적 연구를 병행하였으며 공간적 범위는 서울시내에 소재한 특급 호텔 16곳이며 조사 시기는 2004년 2월 9일부터 3월 8일까지 실시하였다. 그리고 수집된 자료의 통계처리는 SPSS 11.0 패키지를 이용하였으며 분석은 구조방정식 모형 응용 프로그램 AMOS 4.0을 이용하였다.

본 연구의 결과를 요약하면 다음과 같다.

첫째, 호텔 그린마케팅의 외부영향요인은 내부영향요인에 긍정적이 영향을 미치는 것으로 나타났다. 이것으로 보아 법적규제, 소비자의 환경에 대한 민감성, 그린시장의 규모 등의 증감이나 강도 등은 내부요인에 영향을 미친다는 것이 입증되었다.

둘째, 호텔 그린마케팅의 외부영향요인은 호텔서비스 가치에 긍정적인 영향을 미치는 것으로 나타났다. 외부영향요인의 증감이나 강도에 따라 호텔서비스 가치는 영향을 받는다.

셋째, 호텔 그린마케팅의 외부영향요인은 호텔서비스의 질에 긍정적인 영향을 미치는 것으로 나타났다. 이것을 보면 외부영향요인은 호텔서비스의 질인 신뢰와 만족에 영향을 미친다고 할 수 있다.

넷째, 호텔 그린마케팅의 내부영향요인은 호텔서비스 가치에 긍정적인 영향을 미치는 것으로 나타나지 않았다. 이것으로 보아 최고 경영자의 환경민감성, 환경담당부서의 유무, 환경관리수준 등은 호텔서비스 가치에 유의적인 영향을 미친다고 말할 수 없다.

다섯째, 호텔 그린마케팅의 내부영향요인은 호텔서비스 질에 긍정적인 영향을 미치는 것으로 나타나지 않았다. 이것으로 보아 호텔 내부영향요인은 호텔서비스의 신뢰와 만족에 유의적인 영향을 미친다고 볼 수 없다.

여섯째, 호텔서비스의 질과 가치와의 관계를 분석한 결과 호텔서비스의 질은 호텔서비스의 가치에 긍정적인 영향을 미치는 것으로 나타났다.

일곱째, 호텔서비스의 가치는 소비자의 구매결정에 긍정적인 영향을 미치는 것으로 나타났다. 그러므로 호텔서비스의 가치가 많을수록 소비자는 구매결정을 할 것이다.

여덟째, 호텔서비스의 질은 소비자의 구매결정에 긍정적인 영향을 미치는 것으로 나타났다. 그러므로 호텔서비스의 질이 높을수록 소비자는 구매결정을 할 것이다.

본 연구의 결과는 호텔 그린마케팅의 영향요인 중 외부영향요인이 내부영향요인 및 호텔서비스의 질과 가치에 영향을 미치는 것이 명확해 졌으며, 호텔서비스의 질보다 호텔서비스의 가치가 소비자의 구매결정에 더 많은 영향을 미치게 된다는 점을 시사하고 있다. 또한 호텔 그린마케팅의 필요성도 입증되었다.

# 목 차

제1장 서 론 ························································ 15
　제1절 문제의 제기 ············································ 15
　제2절 연구의 목적 ············································ 17
　제3절 연구의 방법 및 구성 ································· 19
　　1. 연구의 방법 ·············································· 19
　　2. 논문의 구성 ·············································· 20

제2장 이론적 고찰 ·············································· 23
　제1절 그린마케팅 ············································ 23
　　1. 그린마케팅의 정의 ···································· 23
　　2. 그린마케팅의 발생과정 ······························ 27
　　3. 그린마케팅의 필요성과 영향요인 ················ 31
　제2절 호텔 그린마케팅 ····································· 41
　　1. 호텔 그린마케팅의 개념 ···························· 41
　　2. 호텔 그린마케팅 유형 ································ 46
　　3. 호텔 그린마케팅 사례 ································ 52
　　4. 호텔 그린마케팅의 선행연구 ······················ 57
　제3절 호텔서비스 ············································ 62
　　1. 호텔서비스의 개념 ···································· 62
　　2. 서비스 품질과 가치 ··································· 63
　　3. 소비자 만족과 구매결정 ···························· 68
　　4. 개념들의 관련성 ······································· 73

**제3장 실증연구의 설계와 연구방법** ················· 81

제1절 연구모형의 설계 ······························· 81

제2절 주요변수의 구성개념과 연구가설의 설정 ········ 83

   1. 주요변수의 구성개념 ························· 83

   2. 연구가설의 설정 ····························· 85

제3절 표본의 설계 및 분석방법 ···················· 101

   1. 조사표본의 설계 ····························· 101

   2. 변수의 조작적 정의 ·························· 101

   3. 자료 분석방법 및 절차 ······················ 105

**제4장 실증분석의 결과** ····························· 107

제1절 표본의 인구통계학적 특성 ··················· 107

제2절 신뢰성과 타당성 분석 ······················· 109

제3절 연구가설의 검증 ····························· 113

   1. 가설 1의 검증 ······························· 113

   2. 가설 2의 검증 ······························· 114

   3. 가설 3의 검증 ······························· 115

   4. 가설 4의 검증 ······························· 115

   5. 가설 5의 검증 ······························· 116

   6. 가설 6의 검증 ······························· 117

   7. 가설 7의 검증 ······························· 117

   8. 가설 8의 검증 ······························· 118

제4절 연구가설의 검증결과 및 요약 ················· 119

제5장 결 론 ······················································· 123
  제1절 연구의 요약 및 시사점 ······························· 123
  제2절 연구의 한계점 및 향후과제 ························· 128

참고 문헌 ······························································· 131

부록: 설문지 ··························································· 153

# 표 목차

<표 2-1> 그린마케팅의 개념정의 ·································· 26

<표 2-2> 기존마케팅과 그린마케팅의 비교 ························· 27

<표 2-3> 기업의 환경전략 영향요인에 관한 연구 ·················· 39

<표 2-4> 환경친화적 호텔의 혜택 ······························· 42

<표 2-5> 폐기물 관리유형 ··································· 47

<표 2-6> 수질보호 유형 ······································· 48

<표 2-7> 에너지 관리유형 ····································· 51

<표 2-8> 인터컨티넨탈 체인 호텔의 그린마케팅 사례 ··············· 53

<표 2-9> 레디슨 서울 프라자호텔 그린마케팅 사례 ················ 56

<표 2-10> 가치의 차원 ······································· 68

<표 3-1> 변수의 조작적 정의 ·································· 103

<표 4-1> 표본의 인구통계학적 특성 ···························· 108

<표 4-2> 신뢰성 및 타당성 분석결과 ···························· 111

<표 4-3> 연구가설 분석결과 ··································· 120

# 그림 목차

&lt;그림 1-1&gt; 연구흐름도 ···································································· 21

&lt;그림 2-1&gt; 성공적인 그린마케팅의 체계 ································· 33

&lt;그림 2-2&gt; 평가·감정 그리고 소비자만족의 인과적 관계모델 ····· 70

&lt;그림 2-3&gt; 기대불일치 모델 ················································· 71

&lt;그림 3-1&gt; 연구모형도 ························································· 83

&lt;그림 4-1&gt; 연구모델의 검증결과 ········································· 119

# 제1장 서 론

## 제1절 문제의 제기

최근 지구의 이상기후변화, 오존층의 파괴, 사막화, 해양오염, 생물다양성파괴 등과 같은 범지구적인 환경현상은 인류의 존재마저 위협하는 위기로 환경문제의 심각성을 나타내주고 있다.

이러한 환경문제는 기업의 생산·유통·판매 등에 영향을 주고 있으며 지구환경문제의 야기로 인해 환경보전의 필요성이 더욱 중요해 짐에 따라 국제간의 무역거래에 있어서도 거래 장벽으로 작용하여 기업존립의 최대 변수로 등장하고 있다.

세계무역기구(WTO: World Trade Organization)가 추진하는 환경과 무역을 연계시킨 그린라운드(Green Round)는 세계 환경보호의 관점에서 새로운 글로벌무역·마케팅·경영의 규범을 정립하려는 시도이다. 이러한 시도는 환경보호를 무역규제와 연계시키려는 동시에 WTO 회원국들에게 환경보존관련법을 강화하도록 압력을 가하여 회원국들이 환경친화적 제품·서비스를 추진토록 하는 국제적 움직임이 점점 강화되고 있다는 증거이다. 그리하여 WTO 회원국인 우리나라 기업들에게도 제품과 서비스의 생산 공정, 제품과 서비스 마케팅 등에 커다란 영향을 미치기 시작하였다.

국내의 환경보호에 대한 인식은 경제성장보다 우선시돼야 하며 경제성장이 늦더라도 환경보호가 선행되어야 한다는 시민인식이 고조되고 있다. 이러한 환경보호에 대한 관심을 고려할 때 기업은 사회 지향적 마케팅(Societal Marketing)에 입각해서 '인간과 환경'을 동일선상에 놓는 새로운 가치기준인 '그린마케팅(Green Marketing)'을 수행해야 할 의무가 증대되고 있는 것이다.

우리나라에서도 생활수준의 향상과 더불어 급격한 생산력 증가와 과소비 현상의 심화로 환경오염이 더욱 가속화되고 있으며, 소비자들의 무공해 저공해 상품에 대한 수요 및 쾌적한 환경조성의 요구가 확대되고 있다.

환경보호와 공해문제는 오늘날 기업의 경영활동은 물론 기업의 유지·발전에 직접적으로 영향을 미치기도 하고, 제약요인으로 작용하기도 한다. 더욱이 공해문제는 소비자들의 생활환경 및 생명에 직접적으로 영향을 미치고 있다.

이제 기업의 마케팅활동은 다양한 측면의 마케팅이 요구되고 있는데 사회적 마케팅, 생태적·환경적 마케팅(Ecological · Environmental Marketing), 그린마케팅 등은 시대상황과 비교해 볼 때 없어서는 안 되는 마케팅의 한 측면이 되었다.

환경문제에 대한 소비자들의 관심이 고조됨에 따라 우리나라 기업들의 마케팅활동은 관리적인 마케팅 컨셉(Managerial Marketing Concept)중심에서 전체 소비대중의 복지향상에 초점을 맞춘 환경을 중심으로 하는 실질적인 방향전환이 요구되고 있다. 그러나 환경문제에 대한 소비자들의 대중적 관심이 매우 높은 것에 비하면, 우리나라 기업들의 그린마케팅 활동은 아직도 그 방향이 명확히 설정되어 있지 않은 실정이다. 이는 우리나라 기업들이 그린마케팅을 일종의 비즈니스기회로 보기보다는, 생존을 위해 불가피하게 반응해야 하는 비용부담 활동으로 간주하여 이를 소극적으로 전개하고 있기 때문이다.

이에 따라 호텔기업도 환경에 대한 인식의 전환과 환경오염 규제라는 제약 조건을 호텔의 경쟁력 강화 수단으로 활용하여 환경중시 경영체계를 확립하는 기업으로의 발돋움이 절실하다.

최근 외국 호텔기업에서는 환경친화적 제품의 인기가 상승하고 있다. '실내의 공기 순환 시스템의 개선', '에어컨디셔너 시스템의 개선', '박테리아가 없는 음식', '금연객실운영', '독성이 없는 페인트 및 벽지의 사용', '환경친화적인 세탁물 및 청소용품의 사용' 등이 세계적인 호텔 등에서 정책적으로 실시되고 있다.

이제 우리나라 호텔기업들도 기업의 환경변화와 소비자들의 환경의식변화를 파악하고 이에 부합하는 마케팅전략을 수립하여야 한다.

따라서 호텔기업도 이제는 단기적인 이윤추구의 개념에서 벗어나 장기적이며 환경생태적인 마케팅을 기업경쟁의 필수적인 요소로 생각하고, 그린마케팅 개념의 도입이 환경보호와 관련된 기업 마케팅활동의 한 축이 되도록 하여야 한다.


# 제2절 연구의 목적


이 같은 관점에서 본 연구는 호텔기업의 이미지 제고와 경영성과를 향상시킬 수 있는 방안으로 그린마케팅에 초점을 두고, 호텔기업의 그린마케팅 활동요인을 도출한 후 그에 따른 서비스의 평가 및 소비자의 구매의도와의 관계를 종합적으로 검증하고 이들 변수들 사이의 구조적 관계를 실증분석 하는 것이 그 목적이다.

즉, 앞에서 제기된 문제들을 바탕으로 호텔기업의 그린마케팅 도입을 위한 기반을 조성함으로써 미래의 환경문제에 대한 전략을 제시하고 궁극적으로는 소비자 만족을 통한 호텔기업의 이윤 극대화에 기여하는 것이 본 연구의 목적이다. 이러한 연구의 목적을 달성하기 위해서 본 연구는 다음과 같은 세부적인 사항을 수행하고자 한다.

첫째, 환경문제에 대한 기업의 적극적인 대응방안의 하나로 관심을 끌고 있는 그린마케팅에 대한 올바른 이해를 위하여 기존의 문헌조사를 함으로써 그린마케팅에 대한 개념을 정립하고 그 등장 배경에 대해 알아본다.

둘째, 이러한 문헌 정리를 통해서 호텔기업에서 시행해야 할 그린마케팅에 대한 정책 및 시사점을 도출하여 분석한다.

셋째, 외국 호텔의 그린마케팅 사례와 서울시내 특급 호텔에서 시행하고 있는 사례연구를 통해 비교·분석하여 앞으로 호텔기업의 그린마케팅 도입 시 성공적인 마케팅 전략을 펼 수 있도록 그 추진 방향을 제시한다.

넷째, 호텔 이용객의 환경의식적 소비행동에는 어떤 변수들이 영향을 미치는지 또, 그와 같은 변수들의 영향력의 정도에는 어떤 차이가 있는지를 분석한다.

## 제3절 연구의 방법 및 구성

### 1. 연구의 방법

본 연구는 연구모형 및 가설설정을 위한 문헌연구와 가설을 검증하기 위한 실증분석을 병행하였다.

문헌연구는 그린마케팅에 관한 연구, 호텔서비스에 관한 연구, 그린마케팅과 호텔서비스 구매결정과의 관계에 관한 연구로 나누어 수행하였다. 문헌연구를 통하여 그린마케팅에 대한 주요 영향요인과 그 이용가능성을 살펴보았다. 또한 호텔기업의 그린마케팅 전략을 유형으로 정리하고, 그린마케팅 전략유형을 구분하기 위한 차원을 도출하였다.

그린마케팅의 수행을 통한 성과제고에 있어서 기업의 전략적 행위의 중요성과 필요성을 살펴보았다. 그리고 마케팅전략의 원인과 결과에 대한 모형설정과 이를 통한 분석의 필요성을 확인하고, 연구모형의 설정을 위한 기본 방향을 제시하였다.

실증연구는 문헌연구를 토대로 설정된 연구모형을 우리나라 호텔기업에 적용하였다. 분석에 이용된 자료는 설문조사를 실시하였다. 먼저, 빈도분석을 통해 자료의 환경관리와 관련한 사항 등을 검토하고, 표본 특성별 그린마케팅 전략유형과 성과에 대한 교차분석을 실시하였다. 아울러 측정변수의 신뢰성과 타당성을 분석하였다.

본 연구의 가설은 호텔기업의 그린마케팅에 대한 영향요인과 호텔서비스의 구매결정에 관한 것이다. 본 연구에서 설정한 가설을 검정하기 위해서 구성개념에 대한 요인분석과 상관관계 분석을 이용하여 검증하였다. 분석에 이용된 변수는 모두 5점 척도의 매트릭스 자료 형태로 측정되었으며, 본 연구의 목적 및 자료 특성에 부합되는 방법으로 가설검증에 이용되었다. 또한 분석은 SPSS 11.0 패키지와 응용 프로그램인 AMOS(Analysis of Moment Structure)4.0을 이용하였다.

## 2. 논문의 구성

본 연구는 5개의 장으로 구성되었다. 제1장에서는 본 연구의 주제를 다루게 된 배경과 연구목적, 연구범위, 연구방법 그리고 논문의 구성을 소개하였다.

제2장에서는 그린마케팅에 관한 개념적·실증적 연구의 고찰을 통해 모형설정에 필요한 변수를 확인하고, 그러한 변수의 이용가능성과 호텔기업의 그린마케팅에 관한 개념, 실천유형, 사례 및 선행연구를 알아보았으며 호텔서비스의 품질과 가치 및 구매결정에 대한 개념과 관계를 살펴보았다.

제3장에서는 문헌연구에 기초하여 실증모형을 개발하고, 연구가설을 설정하였다. 먼저, 연구모형을 개발하고, 모형 내의 구성개념을 정리하였으며, 기업의 그린마케팅에 대한 영향요인 및 그린마케팅과 성과에 관한 연구가설을 설정하였다. 그리고 변수를 정의하고, 그에 대한 측정도구를 살펴보았다.

제4장에서는 실증분석 및 그 결과의 의미를 살펴보았다.

마지막으로 제5장에서는 본 연구의 의의 및 한계와 향후 관련 연구의 방향을 제시하였다.

본 연구의 전체적인 흐름을 도식화 하면 <그림 1-1>과 같다.

<그림 1-1> 연구흐름도

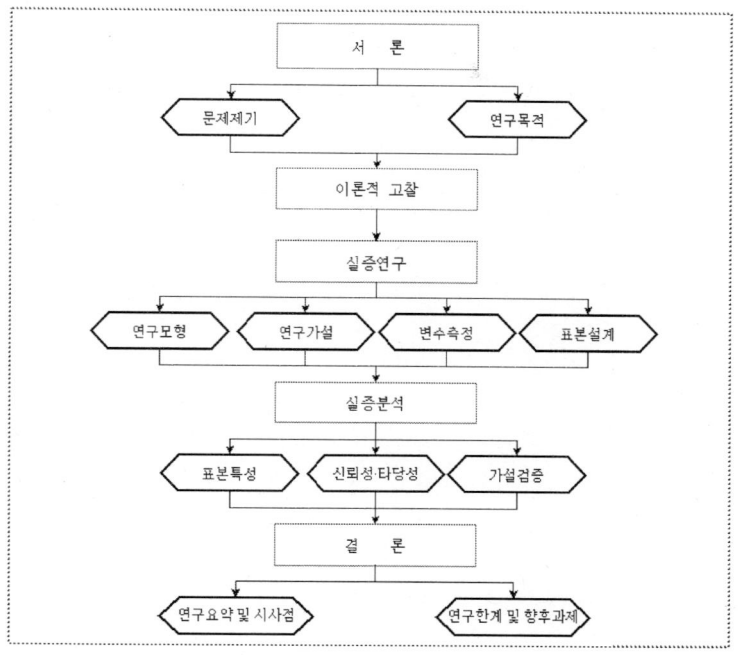

# 제2장 이론적 고찰

## 제1절 그린마케팅

### 1. 그린마케팅의 정의

그린마케팅은 일반적으로 '환경보존에 관련된 기업의 제반 마케팅활동'으로 일컬어지고 있으나, 아직 용어의 개념이나 정의가 명확하게 정립되어 있지는 않다.

Elsonhart(1990)는 "그린마케팅이란 기업활동의 무대가 되는 자연환경을 보호하고 기업이 생산하는 제품을 구매하는 인간의 삶의 질을 높이고자 하는 마케팅이념을 말한다. 기업의 환경보존 및 개선노력을 소비자에게 알려 궁극적으로는 환경문제에 관심을 갖기 시작한 소비자들에게 보다 많은 제품을 판매하려는 전략이다"라고 함으로써 기업의 사회적 책임을 강조하고 있다.

Frankel(1992)은 "그린마케팅은 기업이 윤리적으로 적절한 방법을 통하여 소비자 및 기타 이해관계자들의 환경적 관심을 활용하여 기업에게 경제적으로 유리하도록 하는 제반원칙과 활동의 구성체이며, 환경마케팅은 기존의 마케팅 의사결정의 틀을 탈피한 환경적 요인을 전향적으로 고려하는 변화된 태도로만 가능하다"고 하였다.

Kotler와 Armstrong(1997)은 "그린마케팅이란 생태학적으로 보다 안전한 제품, 재활용할 수 있는 포장재와 썩어 없어지는 포장제보다 양호한 오염방지 장치, 그리고 에너지를 효율적으로 활용하는 방안의 개발 등이 그린마케팅을 의미한다."고 정의하였다.

Polonsky와 Mintu-Wimsatt(1995)는 "그린마케팅이란 물리적 환경을 보존·보호 유지하도록 조직과 개인으로 하여금 각각의 목표달성을 용이하게 해주는 마케팅개념 및 도구의 적용으로서 정의된다."고 하였다.

Ottman(1994)은 "환경마케팅은 전통적 마케팅에 비해 더 복잡하며, 그린(Green)을 어떻게 정의하고 소비자가 좋아하는 그린제품을 어떻게 개발하는가 등에 관련된 주요한 과제들을 효과적으로 표명할 수 있는 새로운 마케팅 및 경영전략을 필요로 한다."고 정의하였다.

Peattie(1995)는 "그린마케팅은 인간을 둘러싼 자연환경과 지구 내에 존재하는 모든 생명에 대한 관심이 증가함에 따라 등장한 마케팅의 한 유형"이며 "환경마케팅은 고객 및 사회의 요구를 유익하고 지속가능한 방법으로 구명, 예상 및 충족시키는 책임을 진 전체의 관리과정"이라고 정의하였다.

大橋熙技(1994)는 "환경마케팅은 지구환경과 생활의 질, 생활자 만족의 공생과 조화를 꾀하면서 상품·서비스의 기획단계에서 최종적으로 소비된 뒤의 폐기물 리사이클, 재사용, 재생, 처리 등의 '환원'과정까지를 포함하는 것으로 수요동향 조사, 상품서비스 기획, 개발, 생산, 물류, 판매 및 커뮤니케이션활동을 총칭한다."고 설명하고 있다.

이두희(1991)는 "녹색마케팅은 환경의 효율적인 관리를 통하여 인간의 삶의 질을 향상시키기 위한 제반 마케팅현상"이라고 정의를 내리고 있다.

또한, 박재기(1991)는 "고객의 욕구, 필요, 수요의 충족에만 초점을 맞추는 것이 아니라, 고객을 보다 넓은 차원에서 인식하여 인간의 삶의 질을 높이는 데에 강조점을 둔 마케팅활동"이라고 하였다.

정헌배(1997)는 "기업의 제품이나 사업활동의 환경친화성을 활용한 기업의 제반 마케팅활동 또는 기존의 마케팅활동에 환경적 요인을 윤리적 측면에서 적절한 방법으로 부가하여 활용하는 활동"이라고 환경마케팅의 정의를 내리고 있다. 그리고 윤훈현(1992)은 "환경마케팅이란 환경의 효율적인 관리를 통하여 인간의 삶의 질을 향상시키기 위한 제반 마케팅활동이다."라고 하였다.

이상에서 그린마케팅의 다양한 정의를 살펴보았다. 이를 요약해 보면, "그린마케팅이란 사회 시스템적 접근에서 제기되는 기업과 사회와의 상호의존성과 환경보전문제를 더욱 강조한 개념으로서 환경문제의 해결을 통한 인간의 삶의 질을 향상시키고자 하는 것이며, 인류의 공통적인 관심사인 환경보전의 문제를 기업의 기회 요인으로 포착하여 기업의 장기적 이윤과 소비자의 장기적인 복지를 동시에 추구하려는 전략적 마케팅"이라고 할 수 있다.

그린마케팅에 대한 선행연구들의 개념정의는 <표 2-1>과 같다.

<표 2-1> 그린마케팅의 개념정의

| 연구자 | 연 도 | 개 념 정 의 |
|---|---|---|
| 이두회 | 1991 | 환경의 효율적 관리를 통하여 삶의 질을 높이는 제반 마케팅 현상 |
| 박재기 | 1991 | 인간의 삶의 질을 높이는 데 초점을 둔 마케팅 |
| Frankel | 1992 | 기업이 윤리적으로 적절한 방법을 통해 소비자 및 이해관계자들에게 환경적 관심을 고조시키고 기업에게 유리하도록 하는 제반활동 |
| 윤훈현 | 1992 | 환경의 효율적 관리를 통하여 인간의 삶의 질을 높이는 마케팅 활동 |
| Ottman | 1994 | 그린을 어떻게 정의하고 그린제품을 어떻게 개발하느냐에 관련된 마케팅 및 경영전략 |
| 大橋熙技 | 1994 | 지구환경과 생활의 질, 생활자 만족과 조화를 꾀하면서 상품, 서비스의 기획에서 소비전후의 환원까지 포함하는 활동 |
| Polonsky & Mintuwinsatt | 1995 | 물리적 환경을 보존·보호·유지하도록 조직과 개인으로 하여금 목표달성을 용이하게 해주는 마케팅 |
| Peattie | 1995 | 고객 및 사회의 요구를 유익하고 지속가능한 방법으로 구명·예상·충족시키는 관리과정 |
| Kotler & Armstrong | 1997 | 생태학적으로 보다 안전한 제품 재활용 및 효율적으로 활용할 수 있는 방안의 개발 |
| 정헌배 | 1997 | 기존의 마케팅에 환경적 요인을 윤리적으로 적절한 방법을 부가하여 활용하는 활동 |

자료: 논자작성.

한편, 위와 같은 그린마케팅의 정의를 바탕으로 기존의 마케팅과 그린마케팅을 비교해 보면 <표 2-2>와 같다.

<표 2-2> 기존마케팅과 그린마케팅의 비교

| | 기존마케팅 | 그린마케팅 |
|---|---|---|
| 이념 | 소비자이익과 기업 이익의 양립 (경제학적 균형의 이념) | 사회·생태학적 이익과 생활자 이익 및 기업 이익과의 3자 양립 (사회·생태학적 균형의 이념) |
| 가치관 | ① 물질적인 풍요와 제공을 통한 생활수준의 고도화 (경제성장 지향적 가치관) ② 기업, 이윤, 매출액, 시장점유율, 비용 등의 경제적 요인이 중시됨 (극대화 원리적 가치관) | ① 사회적 이익(benefit)의 제공을 통한 '생활의 질'의 향상 (사회 복지 지향적 가치관) ② 사회전체의 이익·복지·환경의 보전과 개선·생태학적 요인이 중시됨(만족 최적화 원리적 가치관) |
| 특징 | 기업시스템 가운데 파악되는 마케팅 | 사회시스템 가운데 파악되는 마케팅 |

자료: 여훈구, 「그린마케팅」, 안그라피스, 1995. p.23.

## 2. 그린마케팅의 발생과정

20세기 후반으로 접어들면서 범지구적 환경문제는 대량생산(Mass production), 대량유통(Mass distribution), 대량소비(Mass consumption) 및 대량광고(Mass advertisement) 등 소위 4M으로 불리는 현대 산업사회의 왜곡된 시장구조가 낳은 필연적 결과라 할 수 있다. 환경문제의 심각성으로 인해 지속적인 경제발전은 물론 인류의 생존마저 위협받게 될 것이라는 인식이 폭넓게 확산되고 있다.

환경문제의 해결을 위해 새로운 경쟁규범을 바탕으로 한 시장질서를 형성할 필요성이 대두됨에 따라, 고객창출과 고객만족을 가장 중시하는 소비자중심주의(consumerism)에 바탕을 두고 수익을 추구해 온 기존의 마케팅개념이 사회적·생태적 관점으로 수정되어야 한다는 주장이 제기되어 왔다. 이런 주장은 결국 환경중시주의(environmentalism)에 입각한 환경의 사회·경제적 가치를 시장가격에 반영하고, 상품의 환경성을 비가격 경쟁요인으로 고려하는 것을 전제로 하는 그린마케팅의 개념으로 발전하게 되었다.

따라서 '인간과 환경'을 지킨다는 새로운 가치기준에 입각해서 기업의 사회적 책임을 바탕으로 한 환경마케팅 활동이 등장하게 되었으며, 이런 관점에서 전개된 마케팅개념이 바로 그린마케팅이라고 할 수 있다. 그린마케팅의 발생과정을 크게 세 가지 측면에서 살펴보면 다음과 같다(여훈구, 1995).

### 1) 고도산업화 시대의 도래

본격적인 환경파괴는 18세기 말 영국에서부터 시작된 산업혁명에 의해 진행되었는데, 이를 기점으로 환경문제는 새로운 국면을 맞이하게 되었고, 환경 측면에서 볼 때 다음과 같은 요인이 발생하게 되었다.

첫째, 자본주의 경제체제의 출현이 대량생산과 대량소비를 촉진시켰다. 자본의 집중이 고도화됨에 따라 산업은 거대화·집적화되었으며, 생산력의 비약적 증대는 산업에너지의 대량소비를 유발시켜 천연자원의 고갈을 초래하였다.

둘째, 과학기술의 발달은 급속한 공업화를 이룩하였고 생산구조의 혁신을 초래하고 대규모의 공장공업으로 발전됨에 따라 공업단지의 조성으로 인하여 농산지 등의 자연환경을 훼손시켰으며, 산업폐수 및 오염물질의 배출이 증가되어 생태계의 균형이 점차 파괴되기 시작하였다.

셋째, 도시화로 인구의 도시집중이 증대되었으며 공업도시의 발달은 지방인구의 도시유입과 3차 산업의 발달을 촉진시켰다. 그래서 환경의 여러 문제점, 즉 대기 및 수질오염, 생활 폐기물, 분진, 소음 등의 각종 공해도 함께 발생하게 되었다.

넷째, 대중소비사회의 확산으로 인간의 생활이 크게 변화하였다. 산업의 주도부문이 내구 소비용품과 서비스로 이행함으로써, 더욱 많은 자원이 내구 소비용품의 생산과 대규모의 서비스보급에 할당되었다. 그리하여 산업구조의 비중이 소비재 중심으로 전환되어 일회용품의 남용을 비롯한 무분별한 소비확대로 치중되는 결과를 낳았고, 생활쓰레기 및 산업폐기물의 양산은 환경에 대한 반성을 가져오는 계기가 되었다.

### 2) 사회 지향적 마케팅의 등장

기존의 마케팅개념은 고객에게 만족을 줄 수 있는 제품과 서비스를 제공하는 기업활동으로 집약할 수 있으며, 고객은 필요(need), 욕구(want) 그리고 수요(demand)를 가진 주체였다. 그러므로 마케팅을 수행함에 있어서 고객들의 필요, 욕구 및 수요에 초점을 맞추어 소구점을 구체화시키면 되었다. 그러나 이러한 마케팅관점이 1970년대 후반부터 1980년대에 접어들면서 일어나기 시작한 사회 지향적 마케팅(social marketing)이나 사회·생태학적 마케팅(socio-ecological marketing)의 대두에 의해 차츰 변질되지 않을 수 없었다. 특히 20세기 후반의 마케팅개념은 기업의 사회적 책임이 크게 논의되기 시작하면서부터 기업의 마케팅활동이란 무엇보다도 상호이익을 고려해야 한다는 사회 지향적 관점이 앞서게 되었다.

따라서 이러한 사회적 마케팅현상은 소비자주권의 등장을 가져오는데, 이것은 정부도 기업도 인간의 욕구를 충족시킴에 있어 너무 무책임하다는 것에 대한 20세기 시민의 반발에서 태어난 산물이며, 소비자 생활수준의 유지과정에서 누적되어 온 불만의 제거, 회복 및 구제를 위한 소비자의 조직된 노력이라고도 볼 수 있다.

### 3) 환경중시주의의 대두

인간의 생존환경을 보호하고 향상시키기 위해 관심이 있는 시민이나 정부가 벌이는 조직적인 운동의 바탕이 되는 사회이념을 환경중시주의라고 말한다. 따라서 환경중시주의자는 노천채광, 삼림의 황폐, 공장매연, 옥외간판, 폐기물 등으로 인한 야외휴식 기회의 상실과 오염된 공기, 물 및 화학물질이 살포된 식품 등으로 인한 건강문제 등에 관심을 나타낸다. 이들은 주로 마케팅시스템이 소비자 요구나 욕구를 능률적으로 충족시켜 주느냐에 중점을 두는 소비자중심주의와는 달리 오늘날의 마케팅활동이 환경에 미치는 영향과 소비자 욕구의 충족을 위해 부담해야만 하는 환경비용에 중점을 둔다.

이들 환경주의자는 마케팅이나 소비에 반대하지는 않지만, 마케팅 내지 기업활동이 보다 생태적인 원리에 맞게 수행되기를 요구한다. 따라서 이들은 마케팅시스템의 목표가 소비나 소비자선택 또는 소비자만족을 극대화해야 하는 것으로 보지는 않는다. 즉 생활의 질(quality of life)은 소비용품 및 서비스의 양과 질뿐만 아니라 환경의 질도 의미하며, 최근 등장하고 있는 환경과 관련된 사회단체의 증가와 환경에 대한 국민의식의 고조가 이를 나타내고 있다.

## 3. 그린마케팅의 필요성과 영향요인

### 1) 그린마케팅의 필요성

그린마케팅이 필요한 것은 마케팅믹스와의 관련활동들을 '그린화' 하여 고객과 사회의 요청에 부응함으로써 회사의 생존과 경쟁력을 확보하기 위해서이다. 마케팅믹스를 그린화 한다는 것은 제품·가격·유통·촉진 등 마케팅관리 요소에 그린주의를 도입함으로써 환경친화적 마케팅관리 활동을 수행함을 뜻한다. 그러나 단순히 마케팅관련 활동의 그린화만으로는 그 목적을 원만히 달성할 수 없으며, 생산·기술을 포함하는 모든 기업활동의 통합된 노력과 전 산업적·국가적 차원에서의 그린화 노력이 필요하게 된다(정헌배, 1997).

기업(company), 고객(customers), 경쟁기업(competitors)이라는 3Cs간의 상호관계를 의미하는 '마법의 삼각형(magic triangle)'은 마케팅전략의 가장 기본적인 틀을 제공했다. 그러나 전통적인 마케팅에서는 광범위한 기업의 외부적 환경들이 3Cs에 미치는 직접적인 영향을 주요 분석대상으로 하고 있는 데 비해, 그린마케팅에서는 고객·사회·환경에 영향을 미치는 기업의 모든 활동을 고려한다는 점이 다르다.

따라서, 그린마케팅은 부문단위의 전술적 행위나 의사소통의 차원이 아니라 내·외적인 여건을 종합, 고려해 더욱 광범위한 전략적 통합을 추구해야 한다. 기업의 단기적인 이익은 피상적인 환경관련 활동에서 얻어질 수도 있다. 그러나 궁극적인 경쟁우위는 단위제품이나 서비스의 차원을 넘어서 전체 기업활동에 관련되는 환경방침이나 프로그램이 책임감 있게 수립되고 이행됨으로써 언

어진다.

4Ps(Product, Price, Place, Promotion)로 구성되는 마케팅믹스를 환경을 중시하는 관점에서 고려하면, 기존의 마케팅활동에 많은 변화를 가져오게 될 것이다. 즉, '환경적 우수성'을 통한 경쟁력 제고를 추구하기 위해서는 보다 획기적인 변화를 유도할 수 있는 새로운 마케팅전략이 필요하게 된다. 특히 환경경영의 기본적 접근방법이 전 생애가치(LTV: Life Time Value)의 관점에서 출발하는 만큼 원료의 구입단계에서부터 생산, 포장, 유통, 사용 및 최종폐기에 이르는 전 과정 가운데 마케팅의 기능과 관련된 모든 활동을 환경적 관점에서 재검토하여 새로운 마케팅전략을 수립해야 한다(이병욱, 1997).

기업의 성공적인 그린마케팅 체계에 영향을 미치는 내·외부 요인들의 상호관계는 <그림 2-1>과 같다.

## <그림 2-1> 성공적인 그린마케팅의 체계

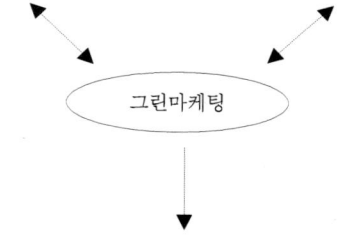

| 외부적 그린 Ps | 내부적 그린 Ps |
|---|---|
| · 고객의 욕구변화(paying customers)<br>· 공급자들의 변화(providers)<br>· 정치가들의 입법방향(politicians)<br>· 압력단체(pressure groups)<br>· 환경재해 문제(problems)<br>· 환경문제에 대한 예측(predictions)<br>· 사업 및 연구개발 동반자(partners) | · 제품(product)<br>· 촉진(promotion)<br>· 가격(price)<br>· 유통(place)<br>· 정보제공(provision of information)<br>· 공정(process)<br>· 경영정책(policy)<br>· 인력(people) |

그린마케팅

### 성공적인 그린 Ss

· 만족(satisfaction): 제품과 환경에 대한 이해관계자의 만족도
· 안전(safety): 제조과정, 사용, 폐기 등 제품의 전 과정에 걸쳐 종업원이나 사용자, 그리고 자연 생태계에 미치는 안전성
· 지속가능성(sustainability): 장기적 자원이용의 가능성
· 사회적 수용성(social acceptability): 회사의 제품, 경영방침, 이미지 등에 대한 사회적 인식
· 주주의 동의(shareholder approval): 재무적·환경적 성과에 대한 주주들의 동조

자료: Ken Peattie, Green Marketing(Longman Group, UK: The M+E Handbooks, 1992), p.104.

이 모형은 전통적인 마케팅관점이 그린마케팅에서는 어떻게 변화되는지를 체계적으로 보여준다. 즉 이윤극대화를 추구하는 전통적인 마케팅의 핵심기능인 4Ps에서, 그린마케팅에서 필요로 하는 그린 Ps로 통합·확대되는 과정을 보여준다. 이와 함께 경제적 수익성과 환경적 지속가능성을 동시에 추구하는 그린마케팅의 성공적 실현 여부를 평가하는 Ss의 관계를 종합적으로 나타내고 있다.

내부적 그린 Ps에 해당하는 요소들은 성공적인 그린마케팅을 위해서 핵심적으로 고려해야 할 대상이라 할 수 있다. 한편, 외부적 그린 Ps에 포함되는 요소들은 일반적으로 기업이 직접 통제할 수는 없지만, 성공적인 그린마케팅에 필수적인 사항들이다. 따라서 외부 이해관계자들의 환경에 대한 인식이나 행동이 어떻게 변하고 있는지를 계속 파악해서 그린마케팅 전략에 반영해 나가야 한다. 이와 같이 외부적 그린 Ps와 관련되는 여건을 바탕으로 기업이 내부적 그린 Ps를 중심으로 한 그린마케팅 활동을 추진할 경우, 그 결과는 <그림 2-1>에서 나타나 있는 것과 같이 성공적인 그린 Ss의 요소들에 의해 평가될 것이다.

그린마케팅의 성공조건을 살펴보면, 전통마케팅의 성공 여부는 어떻게 회사이익과 소비자이익을 조화롭게 달성시키느냐에 달려 있었다. 이때의 소비자이익이란 단순히 소비자 입장에서의 가치요, 그들이 추구하는 제품관련 편익 및 그들의 정도를 뜻한다. 따라서 마케팅 프로세스에서 필요한 정보 역시 시장의 경쟁관계나 소비자들의 행동변수에 관한 것들이었고, 성과측정의 기준도 단순히 수익성이나 시장점유율과 같은 기업 내적인 것으로서 환경문제는 전혀 고려되지 않았다.

다시 말해서, 전통마케팅에서는 어떻게든 소비자들의 현실적 이익만 충족시켜 주거나 그들의 욕구만 만족시켜 준다면 회사의 존립과 성장은 보장될 수 있을 것이라는 기본 가정이 깔려 있었다.

그러나 그린마케팅에서는 그 외에도 모든 관련활동이 환경친화적 이어야만 한다는 조건이 하나 더 추가된다. 따라서 그린마케팅에서는 그 목표설정에서부터 4Ps의 집행과정을 거쳐 성과측정에 이르는 전 관리프로세스에서 환경영향이 평가되어야 한다. 이는 곧 단순히 고객의 제품 성능관련 욕구 외에도 그 사회와 소비자들의 환경관련 욕구까지도 충족시켜 줄 때 비로소 그린마케팅이 성공할 수 있고 회사의 존속도 보장될 수 있음을 의미한다. 이를 흔히 '윈-윈(win-win)'어프로치라고도 부르며, '윈-윈'어프로치란 원래 환경문제 해결과 경제발전을 동시적으로 달성하는 국가차원의 정책을 뜻하는 말로, 환경문제와 관련하여 그와 같은 '두 마리 토끼를 동시에 쫓는' 정책이나 전략은 기업이나 산업차원 등 어디서나 찾을 수 있으며 또 가장 이상적인 접근방법이기도 하다.

이렇게 볼 때 그린마케팅의 성공은 기업·소비자·사회(환경)의 이익이라는 세 가지 목표를 어떻게 조화롭게 달성하느냐에 달려 있다. 이들 간의 균형을 유지해 주면서 그린마케팅의 성공을 확보해 주는 것이 기업 및 소비자 그리고 정부정책이다. 그러나 어떻게 제품성능은 최소한 종전수준을 유지하면서 오염문제를 최소화하고 동시에 기업도 수익성을 유지하느냐 하는 것은 결코 용이한 일이 아니다. 무엇보다도 성공적인 그린마케팅 전략이 되기 위해서는 7그린(Seven Green) Cs을 충족시켜야 하는데, 이들이야말로 그린마케팅 전략의 기본적인 요건이라고 할 수 있다.

첫째, 고객 지향적(Customer oriented)이어야 한다.

둘째, 상업적으로 실행 가능한(Commercially available) 것이어야 한다.

셋째, 소비자·경영자 및 이해관계자에게 신뢰(Credible)를 줄 수 있어야 한다.

넷째, 기업목표·전략 및 능력에 부합(Consistent)되어야 한다.

다섯째, 분명(Clear)해야 한다.

여섯째, 다른 기업 기능의 운영 전략 및 계획에 통합(Coordinated)되어야 한다.

일곱째, 내·외적으로 효율적인 커뮤니케이션(Communicated)이 이루어져야 한다.

## 2) 그린마케팅의 영향요인

그린마케팅의 영향요인에 관한 기존의 연구에서 최고 경영자의 태도와 신념, 조직구조 및 시스템 등의 조직적 요인, 정부의 환경 규제 및 정책 등의 법적·정치적 요인, 시장의 압력 및 동종업체의 경쟁 등의 경제적 요인, 사회·윤리적으로 부과되는 사회적 요인 등 다양한 요인들이 제시되고 있다.

자연환경문제를 비용·편익 관점에서 실증적으로 접근한 다수의 연구들은 정부에 의해 설정된 환경규제를 기업에 부과되는 유일한 환경압력으로 간주하고 있다.

이는 정부의 환경규제를 제외한 기업 외부환경이 불변하고, 그러한 규제에 기업이 순응한다는 정태적·확실성 모델을 가정하고 있기 때문이다.

그러나 기업은 동태적이고 불확실한 상황에서 경영활동을 수행하고 있다. 그러므로 기업은 정부의 환경규제뿐만 아니라 여타의 다양한 환경관련요인에 의해 영향을 받을 것이다. 대표적인 것이 환경단체의 감시체제강화, 고객의 환경민감성 제고 등에 의해 형성되고 있는 '그린소비주의'의 확산을 들 수 있다(Ottman, 1994).

Steger(1993)에 의하면, 환경압력에 대한 기업의 반응유형은 기업이 환경보호활동을 통해 획득할 수 있는 시장기회정도와 기업활동으로 인한 환경위험정도에 의해 결정된다. 그는 환경전략유형을 무관심형(indifferent), 방어형(defensive), 공격형(offensive), 혁신형(innovative)으로 구분하고, 제조업 및 서비스업에 종사하는 기업을 대상으로 환경전략유형에 대한 영향요인을 분석했다. 분석결과, 사회적 책임압력, 정부의 환경규제, 기업이미지 및 공중관계개선, 종업원 보호, 시장압력, 최고 경영자의 가치 및 신념 그리고 성과제고가능성이 주요 영향요인으로 나타났다. 또한 대부분의 기업들이 환경문제에 대해 무관심하거나 또는 방어적 수준에서 환경전략을 수행하고 있지만, 기업의 재무적 목표와 환경적 목표가 조화될 수 있다고 인식하고 있는 것으로 나타났다.

Cebon(1993), Konar and Cohen(1997)에 의하면, 기업의 초기 공해배출량과 차후의 공해배출감축에 관한 의사결정은 공해감축을 위한 기업의 동기와 능력의 함수이다. Cebon은 기업의 폐기물감축방법을 폐기물감축에만 초점을 둔 수동적인 형태와 폐기물감축뿐만 아니라 비용절감에도 초점을 둔 적극적인 형태로 구분하고, 그에 대한 영향요인을 분석했다. 그 결과 이해관계자집단, 기업의 자원 및 능력, 기회창출이 기업의 폐기물감축활동유형에 영향을 미치는 것으로 나타났다.

Henriques and Sadorsky(1996)는 통신, 건설, 천연자원, 서비스, 무역업에 종사하는 대기업들을 대상으로 기업의 적극적인 환경반응전략에 대한 영향요인을 분석했다. 그들에 의하면, 기업의 환경계획은 외부이해관계자집단의 환경압력에 의해 영향을 받는다. 따라서 환경문제에 반응하는 기업을 환경문제를 취급하기 위한 조직 내의 공식적인 계획을 수립하고 있는 기업으로 정의하고, 명문화된 환경계획의 존재 여부, 주주 및 종업원들에게 환경계획이 제시되었는지의 여부, 환경 부서의 존재 여부, 환경문제의 취급을 위한 사명의 존재 여부로 측정하였다.

Fineman and Clarke(1996)도 기업의 환경적 반응에 있어서의 이해관계자집단의 중요성을 언급하고, 이해관계자집단이 환경관리에 대한 기업의 태도 및 행위에 미치는 영향을 사례를 통해 분석했다. 그 결과, 환경단체의 압력과 정부의 규제가 기업의 그린마케팅 활동에 영향을 미치는 것으로 나타났다. 경영자들은 정부의 환경규제를 준수하지 못할 경우 기업의 경영활동에 치명적일 것이라고 느끼고 있었다. 따라서 정부의 규제가 있는 경우 기업은 항상 적절히 반응하는 것으로 나타났다.

이외에 Winsemius and Guntram(1992), Rondinell and Vastag-(1996), Henriques and Sadorsky(1996), 노영화(1997) 등의 연구에서도 그린마케팅 전략 영향요인을 제시하고 있다. 기업의 그린마케팅 전략 영향요인에 관한 실증적 연구를 요약하면 <표 2-3>과 같다.

<표 2-3> 기업의 환경전략 영향요인에 관한 연구

| 연구자 | 분석 수준 | 대상 산업 | 그린마케팅 전략 | 영향요인 | 연구 방법 |
|---|---|---|---|---|---|
| Vandermer we and Oliff (1990) | 기업 | 제조업 | 환경관리활동<br>-마케팅부문<br>-제조부문<br>-연구개발부문 | -소비자의 요구 | 빈도 분석 |
| Steger (1993) | 기업 | 제조업 서비스업 | 환경전략유형<br>-무관심형<br>-방어형<br>-공격형<br>-혁신형 | -사회적 책임압력 -정부의 규제<br>-성과제고가능성 -기업이미지<br>-종업원보호 -시장압력<br>-최고 경영자의 가치 및 신념 | 빈도 분석 |
| Cebon (1993) | 기업 | 화학 | 폐기물감축형태<br>-순응지향형<br>(수동형)<br>-비용절감지향형<br>(적극형) | -이해관계자집단<br>-기회창출<br>-기업자원 및 능력 | 사례 분석 |
| Henrique and Sadorsky (1996) | 기업 | 통신 건설 서비스 | 환경전략유형<br>-소극형 -방어형<br>-적용형 -전향형 | -규제관련집단의 압력<br>-조직관련집단의 압력<br>-지역 사회관련집단의 압력<br>-매체관련집단의 압력 | 분산 분석 |
| Fineman and Clarke (1996) | 기업 | 화학 서비스 발전소 자동차 | 환경적 반응 | -정부의 규제<br>-환경단체압력 | 사례 분석 |
| Baylis et al (1998) | 기업 | 제조업 | 환경적 성과 | -정부의 규제 -성과제고기획<br>-공중관계개선 -종업원의 관심<br>-경영자의 관심 및 신념<br>-고객압력 | 빈도 분석 |
| Henrique and Sadorsky (1996) | 기업 | 통신 건설 서비스 | 공식적 환경계획의 존재 여부 | -정부의 규제 -고객압력<br>-주주압력 -지역 사회압력<br>-여타 로비집단압력<br>-미래의 환경문제의 중요성<br>-자산에 대한 매출액 비 | 회귀 분석 |
| Rondinell and Vastag (1996) | 기업 | 제조업 | 환경전략유형<br>-소극형<br>-위기예방형<br>-전향형<br>-전략형 | -사회적 책임압력 | 사례 분석 |

| 연구자 | 분석수준 | 대상산업 | 그린마케팅 전략 | 영향요인 | 연구방법 |
|---|---|---|---|---|---|
| Hettige et al.(1996) | 기업 | 제조업 | 공해배출감축량 | −경제요인: 에너지가격, 수익성, 시장 특성, 재원조 달원천, 감축기술에 대한 정보이용가능성<br>−기업특성: 생산규모, 소유권 여부, 경영자질, 기술전문가, 인적 자원이용가능성, 기술선택, 자본 스톡 년수 | 회귀분석 |
| 노형화 (1996) | 기업 | 전자 정유 철강 | 환경전략유형<br>−순응형 −능동형<br>−우수형 | −기업규모 −제품유형<br>−업종의 환경오염유발정도<br>−최고 경영자의 역할 | 사례분석 |
| Konar and Cohen (1997) | 기업 | 제조업 | 공해배출량 및 공해감축량 | −공해감축동기: 기업규모, 기업 및 제품명성, 초기공해 배출 수준<br>−능력: 재무적 자원, 기술적 자원<br>−외부이해관계자집단 | 회귀분석 |

자료: 성봉석 '기업의 환경경영전략 영향요인 및 성과에 관한연구, 충남대학교 대학원 박사학위논문 2000. pp.19-20, 참조, 논자 재작성.

이제까지 살펴본 내용에 비추어 볼 때, 환경전략 영향요인에 관한 기존의 개념적·실증적 연구로부터 기업의 환경전략에 영향을 미치는 요인들을 체계적으로 분류 및 확인하고, 인과관계를 일반화하는 데 다소 어려움이 따른다. 그렇지만, 기존의 연구에서 제시된 요인들은 기업의 외부 및 내부환경을 구성함으로써 환경관련문제에 대한 기업의 전략적 행위에 직접적으로 영향을 미칠 수 있다.

기존의 연구에 의하면, 기업의 환경관련 외부압력은 정부의 규제, 소비자 요구, 환경단체 및 기타 각종단체로부터의 사회적 책임 압력, 환경관련경쟁, 시장기회, 시장 및 상업압력 등이 포함된다. 조직 내부요인은 지속적인 환경친화적 활동의 수행과 외부이해관계자집단의 관리를 위해 요구되는 기업의 자원 및 능력, 환경문제에 대한 경영자의 관심, 가치 및 신념, 리더십, 환경문제에 관한 종업원의 관심, 조직구조 및 시스템 등이 포함된다.

## 제2절 호텔 그린마케팅

### 1. 호텔 그린마케팅의 개념

1) 개념 및 효과

환경친화적 호텔은 고급스럽고 화려한 기존 호텔의 이미지와는 상반되는 개념일 수도 있으나 '시설이나 서비스의 기본은 변하지 않으면서 환경지향적인 경영을 하는 호텔'이라고 할 수 있다 (Iwanowski Kirk and Rushmore, 1994). 또한 기존의 '단기적, 이익 지향적 목적 추구에서 벗어나 사회적 책임감을 갖고 장기적, 환경보전 정책 및 실천을 수행하는 적극적 조직'이라고도 정의될 수 있다. 즉, 환경친화적 호텔이란 '환경을 보전하기 위해 서비스의 질을 하락시키는 호텔이 아니라 환경문제에 대한 책임 의식을 갖고 경영에 임하는 호텔'이라고 할 수 있다.

이러한 환경친화적 호텔은 환경을 생각하는 여행자가 증가하고 특히 영업의 기반이 되는 자연환경의 급속한 변화를 호텔기업들이 느끼게 됨으로써 생성되게 되었다. 호텔에서 자연환경을 고려함에 따라 발생하는 비용은 부담만을 제공하는 것이 아니라 때로는 호텔경영의 이익을 증가시키는 기회로 전환될 수도 있다.

호텔이 전개하는 환경보호 운동이나 환경친화적 경영 프로그램은 환경문제에 민감한 고객들에게 긍정적으로 인식되어 그들의 중요한 구매의사 결정 요인이 되기도 한다. 호텔의 환경경영은 환경보전, 자원 절약, 쓰레기 줄이기 효과뿐만 아니라 신문 등의 언론에 공개되어 홍보 효과가 높은 광고의 역할을 하기도 한다.

호텔이 환경친화적 경영을 하는 목적은 자연적·문화적 자원의 보전을 중시하고 고객 및 종업원들의 환경의식 고양은 물론 지역 공동체의 활성화 및 생활수준 향상을 통한 이윤추구라 할 수 있다. 이러한 목적을 수립하기 위해서는 우선 검토해야 할 기초적 사항으로 환경친화적 호텔의 혜택 및 비용을 살펴봄으로써 잠재적 수익성을 평가할 수 있다.

환경친화적 호텔로부터 얻을 수 있는 혜택은 <표 2-4>와 같이 환경적·경제적·사회적 차원의 세 측면으로 나뉘어 진다.

<표 2-4> 환경친화적 호텔의 혜택

| 구 분 | 혜 택 |
|---|---|
| 환경적 측면 | · 멸종 위기의 동·식물의 보호<br>· 수질 향상 및 대기 오염 감소<br>· 분수계의 보호 및 부식 방지<br>· 자연경관의 보호 |
| 경제적 측면 | · 숙박시설의 투자 기회제공<br>· 관광객 지출로 인한 수익의 발생<br>· 지역 공동체의 세금 수익발생<br>· 그린소비자에 대한 시장 세분화 구축<br>· 운영비 절감 |
| 사회적 측면 | · 소비자에게 자연 보전 의식의 고양<br>· 교육적·정신적 경험<br>· 자연적·문화적 유산의 보전<br>· 지역 경제 및 생활수준의 향상<br>· 교육 및 연구를 위한 자연 자원 이용의 촉진<br>· 정부나 사회단체의 규제 및 압력에 대응 |

자료: Iwanowski, Kirk and Cindy Rushmore. op. cit. pp.34-35. 참조, 논자 재작성.

첫째, 환경적 측면은 생태계 보호, 수질 및 대기오염 감소, 분수계의 보호 및 부식방지, 자연경관의 보호 및 자원의 효율적 이용을 도모할 수 있다(Shanklin, 1993). 둘째, 경제적 측면으로서 관광객 지출로 인한 수익 및 지역 공동체의 세금 수익발생으로 하부구조 개발을 도모할 수 있고, 호텔기업의 투자 기회를 제공한다. 그리고 운영비 절감과 직원들의 동기부여를 유발함으로써 이직 감소 및 업무의 효율성을 증대시킬 수 있고(IHEI, http://islands.org/ihei.htm), 호텔 이미지 개선에 따른 수익발생과 그린소비자에 대한 시장 세분화를 구축할 수 있다(Brown, 1996).

셋째, 사회적 측면으로는 환경보호에 대한 교육적, 정신적 경험을 바탕으로 고객의 환경의식을 고양시킬 수 있고, 자연적 · 문화적 유산의 보전, 지역 경제 및 생활수준을 향상시킬 수 있다. 또한 지역 사회와의 유대 강화 및 정부나 사회단체의 규제 및 압력에 대응할 수 있다(Kirk, 1994).

반면에 환경친화적 호텔은 에너지의 효율적 공정관리 시스템 설치를 위한 초기 비용 및 시설 개발비 등의 초기 시설 투자에 대한 비용이 많이 들고, 프로그램 및 제품개발, 종업원 훈련비 등의 운영비용이 많이 지출되며 환경적 측면을 너무 강조하여 서비스 질 하락으로 인한 매출액의 하락을 유발시킬 수 있는 단점이 있다.

## 2) 호텔 그린마케팅 영향요인

환경친화적 호텔의 개발 및 운영에 있어 결정적인 영향을 미치는 요인들을 살펴보면 다음과 같다.

### (1) 적정수용력

기존의 호텔들은 이용 고객 수의 극대화 및 이로 인해 발생하는 수익의 극대화를 그 기본 목적으로 한다. 그러나 환경친화적 호텔은 이용 고객 수를 제한하고 적정수용력을 설정해야 한다. 환경 용어로 이러한 적정수용력은 이용 고객의 증가 및 환경에 대한 부정적인 영향으로 발생하게 되는 한계점이라고 정의할 수 있다.

또한 다른 용어로는 이용 방문객 수의 증가 및 환경 퇴화로 인해 고객이 부정적인 경험을 갖게 되는 시점을 말한다(Tensie. Whelan, 1991).

그러나 환경친화적 호텔은 이러한 부정적인 영향을 사전에 방지해야 한다. 단기적이고 이윤추구 중심의 전략은 자연환경에 치명적인 해를 끼치게 되어 장기적으로 호텔 및 지역 공동체의 경제 전반에 악영향을 미치게 될 것이다.

⑵ 가격 및 품질

가격과 품질은 투숙 호텔을 결정하는 데 있어 가장 중요한 변수가 된다. 따라서 고객들은 가격과 품질에 만족한 이후에 비로소 서비스를 수용하게 된다. 즉, 대부분의 고객들은 그린서비스라는 단독 변수를 기준으로 호텔을 선택하지 않을 뿐 아니라 비싼 가격을 지불하거나 불편을 감수하지도 않는다.

그러므로 환경친화적 호텔의 성공 여부는 호텔 측이 기존 호텔과 동일한 수준의 서비스와 가격을 제공하는가에 달려 있다. 서비스 수준의 유지와 환경보호라는 두 가지 중요한 문제가 조화를 이루기 위해서는 호텔 자체의 이미지평가 및 환경친화적 호텔 이미지에 대한 고객의 지각도 조사와 경쟁 업체의 잠재적 반응을 연구해야 할 것이다. 결국 환경친화적 호텔은 그린서비스에 투자되는 비용을 정당화시킬 수 있는 장기적 전략을 세워야 한다.

⑶ 환경의식의 교육 및 훈련

환경친화적 호텔의 환경전략을 어떠한 방법으로 고객에게 전달하는가 하는 문제가 무엇보다 중요하다. 고객의 만족을 저하시키지 않도록 정교하고 세밀한 기술이 요구된다. 따라서 환경친화적인 표어를 내걸거나 관련 정보 및 지침을 인지시킴으로써 고객의 참여를 촉구해야 한다.

또한 이러한 자료를 종업원 교육 자료로 활용함으로써 호텔의 환경 정책을 촉진시킬 수 있다. 호텔과 같이 종사원이 많은 경우 종사원과 환경과의 관계에서도 당연히 문제가 발생하게 된다(후리모리 케이죠, 1997). 환경의식 교육은 우선 소유주 및 관리자의 적극적인 지원이 절대적으로 필요하고, 효과적인 교육을 위해서는 환경 관련 단체나 사내 교육 부서와의 연계 및 가능한 종사원의 참여를 유도하는 방법을 채택하는 것이 바람직하다.

종사원이 교육을 통해 자발적으로 환경을 보호하기 위한 노력을 한다면 호텔에서는 비용 부담을 하지 않고도 큰 효과를 얻을 수 있는 방법이다.

⑷ 지역 공동체와의 연계성

지역 공동체나 지역 주민과의 연계성 여부 또한 환경친화적 호텔의 개발 및 운영에 있어 중요한 요인이 된다. 지역 공동체와 연계하기 위해서 호텔의 환경보호 노력을 지역 주민들에게 홍보함으로써 호텔과 지역 단체 간의 분쟁이나 오해의 소지를 줄여 나갈 수 있고, 개발비용을 분담하거나 개발 특권에 대한 협의를 용이하게 할 수 있다.

## 2. 호텔 그린마케팅 유형

호텔 산업은 다른 산업에 비해 환경오염 물질을 비교적 적게 배출하는 산업으로 인식되었다. 하지만 1993년부터 환경 개선 부담금을 납부하게 되었고, 절수기 설치의무와 일회용품 사용 제한 그리고 음식물 쓰레기 감량 의무 사업장으로 지정되면서 환경오염 문제를 더 이상 간과할 수만은 없게 되었다.

따라서 호텔기업은 기업 운영에 있어서 환경보전을 위한 최소한의 시설이나 정책, 영업 방식을 바꾸어야 한다. 기존의 기계 설비를 점검하고 특히 폐기물, 수질 그리고 에너지의 소비와 비용을 최소한 줄이고 자체적으로 처리할 수 있는 방안을 모색하는 것이 중요하다.

### 1) 폐기물 관리

폐기물 관리는 쓰레기의 양과 독성을 줄여 토양 및 수질보호에 기여할 수 있고, 분리수거를 시행하고 있는 현재의 시점에서 신속한 폐기물 처리와 비용절감을 할 수 있다. 호텔은 폐기물을 줄이기 위해서 쓰레기의 감소 및 재활용 방안이나 독성 물질에 대한 새로운 정책을 정해야 하고, 대체물을 사용하는 방안을 모색하여야 한다. <표 2-5>는 폐기물 관리를 위한 호텔기업의 부서별 전략 유형이다.

<표 2-5> 폐기물 관리유형

| 부 서 | 실천사항 |
|---|---|
| 객실 | · 비품 제공 시 각각 포장된 제품 대신 재활용할 수 있는 제품 제공<br>· 샴프, 비누 제공 시 각각 포장된 제품을 사용하면 재활용 가능한 제품으로 포장<br>· 비누와 샴푸는 동물성이 아닌 식물성 제품 제공<br>· 각각 포장된 크림이나 설탕 대신 용기에 담아서 대량으로 제공<br>· 객실에 제공되는 기구는 재활용 가능한 제품으로 비치 |
| 식음료 | · 일회용품 사용을 줄임<br>· 물 컵의 크기를 줄임<br>· 주문 식단제 도입<br>· 업장에서 제공되어지는 음식량을 줄임 |
| 하우스<br>키핑 | · 하우스 키퍼는 휴지 대신 천으로 만든 걸레 사용<br>· 재활용 쓰레기통 사용<br>· 세제 사용 시 유독성 물질사용 금지 |
| 관리<br>부서 | · 각 부서의 재활용 프로그램 참여도 측정 및 재활용 문구류 사용<br>· 염색한 종이의 사용 대신 흰색(천연색) 종이 사용<br>· 종이 사용을 줄이기 위해 전자 결재 방식의 도입이나 게시판 사용<br>· 이면지 사용 등 종이 사용량을 줄임<br>· 달력의 개인적 지급 대신 벽걸이 달력 부착<br>· 시설물 및 제품의 처분 시 자선단체에 기부하거나 종사원에게 제공<br>· 프린터 카트리지는 재활용이 가능한 제품이거나 재활용품 사용<br>· 팬의 지급을 줄이고 잉크나 심지 등 충전물 지급 |

자료: Stipanuk, David M., and Jack D. Ninemeire, "The Future of the U.S Lodging Industry and the Environment." Cornell H. R. A Quarterly, December, 1996 pp.84-85. Iwanowski and Cindy Rushmore, op. cit. pp.35-36. 참조, 논자 재작성.


2) 수질보호

수질보호를 위해서는 효과적인 수질보호 프로그램을 만들고 이에 기초를 두고 물을 절약하는 시설과 정책을 시행하여야 한다.

수도꼭지나 샤워기, 그리고 화장실에서 사용되는 설비에 사용되는 물의 양을 줄일 수 있는 장치들이 많이 개발되어 있다. 호텔에서 이러한 설비를 사용하는 것으로 수질보호는 충분하지 않으며 수질보호 정책과 병행하여 시행하는 것이 바람직하다.

이러한 수질보호의 방법으로는 관리부에서 수돗물 대신 빗물로 길이나 주차장 등을 청소하고 낮 시간대보다는 저녁 시간에 잔디에 물을 주는 방안이나 식당에서 작은 물 컵을 사용한다든지 고객에게 공손하게 물 절약을 글로 제시하는 방법 등이 있다. <표 2-6>은 수질보호를 위한 부서별 전략유형이다.

<표 2-6> 수질보호 유형

| 부 서 | 실천사항 |
|---|---|
| 객실 | · 욕실 변기의 물의 양 조절<br>· 욕실 변기의 수압 밸브 체크<br>· 샤워기 꼭지에 절수 장치 설치<br>· 샤워기의 물의 속도 조절<br>· 외벽의 공기 침입차단 |
| 세탁실 | · 가능한 세탁물이 가득 찼을 때 세탁 기계 작동<br>· 세탁기계에 물의 양을 조절할 수 있는 장치 설치<br>· 세탁 후 물을 다른 용도로 사용할 수 있는 장치 설치 |
| 시설 | · 가능한 저녁에 잔디에 물을 줌<br>· 스프링 쿨러에 잠금장치 설치<br>· 모든 호스의 누수 여부 점검<br>· 나무와 꽃에 뿌리 덮개 입힘 |

자료: Stipanuk, David M., "The U.S. Lodging Industry and the Environment. "Cornell H. R. A Quarterly, October, 1996. pp.40-45. 참조, 논자 재작성.

3) 에너지 관리

미국의 경우 1970년대 초반에는 에너지 절약 정책을 중요한 문제로 인식하였지만 호텔의 고급화가 이루어지고 서비스 측면이 강조되면서 에너지 절약 정책은 퇴색되어 갔다. 하지만 근래에 들어 자원의 감소 및 환경파괴가 심화되고 환경에 대한 정부의 압력이 증가함에 따라 에너지 절약의 중요성이 증가되고 있다.

에너지 절약은 많은 비용을 들이지 않고도 종업원 및 기업의 정책에 의해서 비교적 쉽게 시행할 수 있다. 예를 들면 종업원의 업무 수행 시 온도 조절기를 점검하고, 불필요한 곳의 전등을 소등하거나 에너지가 낭비되는 상황이 있으면 기록해서 낭비되지 않도록 한다. 그리고 경제성 등을 고려하여 시설의 일부분을 에너지 효율적인 시설로 교체할 수도 있다.

호텔기업에서는 이러한 에너지 절약을 위한 계획 절차를 작성하는 것이 바람직하고 에너지 관리를 위해 철저한 점검을 필요로 하다. <표 2-7>은 에너지 관리를 위한 부서별 전략유형이다.

4) 시설의 고장 및 파괴 방지

호텔 시설부 직원들은 시설물의 고장이나 파괴 방지를 위한 프로그램을 개발해서 시설물 제조자가 추천하는 방법으로 운영되는지 또는 작동에 이상이 없는지를 점검하여야 한다. 이러한 프로그램을 통해서 정기적 검진, 수리와 필요에 따라 시설 사용 및 보전에 관한 교육을 시행하는 것이 바람직하다.

## 5) 환경 업무 담당자

국내 호텔기업은 환경 관련 부서 및 전문가가 없지만 환경문제가 심각해짐에 따라 시설 관련 부서나 기타 부서에서 환경 관련 지식이 있는 종사원의 필요성이 증가하고 있다. 이러한 종사원은 환경 정책 및 시설을 지속적으로 개발하고 시대에 뒤떨어지지 않는 최근의 환경 관련 법규 및 기술을 인지하여야 한다.

## 6) 환경 프로그램과 관련된 보고서의 점검

동일한 측정방법으로 에너지 사용에 관한 보고서를 각 부서별로 작성하여 분석한다. 이러한 에너지 소비 통계는 에너지 사용의 최고 시간대와 영업시간 외에 사용하는 에너지 소비량을 파악할 수 있어 에너지 관련 정책의 수립에 기여할 수 있다(Stipanuk, Dave, 1984). 이러한 환경문제와 관련된 자료를 수집, 분석하여 보고서를 만들어 점검하는 데 있어서 재무적 측면과 비재무적 측면 모두를 고려해서 작성하여야 하고(Brown, Margaret, 1996) 이러한 보고서를 바탕으로 환경 정책을 시행하여야 한다. 경영자는 보고서를 바탕으로 환경 정책에 대한 효과를 파악하여야 하며 환경 보호 정책 시행 시 적극적인 관심 및 지원을 하여야 한다.

<표 2-7> 에너지 관리유형

| 부 서 | 실천사항 |
|---|---|
| 객실 | · 외벽의 공기 침입차단<br>· 창문을 열선 흡수 유리나 복층 유리로 교체<br>· 주간 일사량을 고려해서 냉난방 실시<br>· 창문을 정기적으로 청소<br>· 고효율 조명 램프의 사용<br>· 백열등 사용을 줄이고 형광등 사용을 늘림<br>· 전자식 조명기구를 도입하여 조도에 의하여 자동제어<br>· 욕실의 급탕·급수 온도의 조절 |
| 식음료 | · 영업시간 외(close time)에 사용하지 않는 공간의 전등 소등<br>· 외부의 채광을 최대한으로 이용 |
| 공공장소 | · 출입구에 조명 제어 시스템 및 타이머 설치<br>· 현관이나 복도의 온도를 객실 온도보다 동절기에는 낮게, 하절기에는 높게 설정<br>· 출입문을 이중으로 설치<br>· 외등은 나트륨이나 메탈 하이라이트 설치 |
| 하우스키핑 | · 객실 정비 시 전등을 끄고 창문이나 커튼을 열어 자연광 이용<br>· 객실 정비 후 창문을 닫고 커튼을 닫음<br>· 전기기구의 먼지를 정기적으로 점검<br>· 냉장고의 닫힘 여부를 철저히 점검<br>· 고객이 사용하지 않는 객실의 TV전원을 차단<br>· 히터나 에어컨디셔너 사용 시 창문을 닫음 |
| 시설 | · 벽, 창, 지붕이나 바닥을 개조하여 단열<br>· 창, 벽체의 틈새를 보수하거나 메워 틈새 바람을 막음<br>· 실내 장식의 색상을 밝게 함<br>· 부설 온실 및 창 둘레를 집열 구조로 함으로써 태양열의 이용을 높임<br>· 야간 전력을 이용, 태양열 냉방 방식 채택 고려<br>· 배관 및 닥트의 개폐(ON/OFF) 여부를 정확하게 설정<br>· 닥트, 배관계의 단열을 강화 및 효율이 좋은 팬, 펌프로 교체<br>· 과냉, 과열을 방지하기 위해 자동 제어 조절 장치 설치<br>· 단말 밸브의 수압 조절<br>· 설비 기계를 운전할 때 외기의 도입량 감소<br>· 가능하면 급탕을 하지 않고 급탕 시간 및 급탕 범위를 축소하거나 제한<br>· 가능하면 심야전력 가능 기기를 선택해서 설치 |

자료: Stipanuk, David M., and Jack D. Ninemeier, op. cit. pp.84-85. Stipanuk, David M.,
op. cit. pp.40-45. 참조, 논자 재작성.

## 3. 호텔 그린마케팅 사례

### 1) 외국 호텔의 그린마케팅 사례

미국 호텔기업은 1970년대 단순히 원가절감을 위해 에너지 및 소모품의 절약 정책을 시행하였는데 1980년대에 들어 호텔의 대형화·고급화·표준화가 진행되면서 환경문제에 별 관심이 없는 것처럼 보였다.

하지만 1990년대 들어 환경문제가 세계적인 문제로 등장하게 됨에 따라 정부 및 사회단체의 규제 증가 및 자원소모로 인해 환경문제에 관심이 많아 졌다 특히, 지속적인 성장을 하고 있는 '그린소비자(green consumer's)'의 증가는 미국 호텔기업에 있어서 중요한 시장으로 등장하게 되었다. 이러한 새로운 욕구를 가진 소비자와 환경문제가 심각해짐에 따라 많은 호텔기업들은 환경친화적 경영 방식을 기업의 전략으로 내세우고 있다.

### ⑴ 사운더즈 호텔 그룹(Saunders Hotel Group)

보스턴의 사운더즈 호텔은 환경보호 프로그램을 가장 잘 시행하고 있는 호텔 중의 하나이다. 이 호텔은 1989년에 폐지를 재활용함으로써 환경 프로그램을 시작하였고 이러한 프로그램은 호텔의 소유주의 의지에 의해서 계속적으로 발전 시행되고 있다. 사운더즈 호텔의 환경경영 방식은 종사원의 환경의식을 고취시키기 위한 프로그램을 시행하고, 호텔 자본을 투입하여 창문이나 전열 기구 등을 에너지 효율적인 제품으로 교체하고 에너지 관리를 위해 컴퓨터 시스템을 도입하고 있으며 거의 모든 분야에서 재활용 프로그램을 실시하고 있다. 이 호텔의 특징은 서비스 및 제품의 질을 떨어뜨리지 않는 범위에서 환경 정책을 시행하고 있기 때문에 고객의 평가가 좋고 그린소비자의 이용이 많은 호텔로 알려졌다.

(2) 인터컨티넨탈 호텔 체인(Inter-Continental Hotel Chain)

인터컨티넨탈 호텔 체인은 환경친화적인 경영에 있어서 선두적인 호텔로서 '환경 가이드북'을 발간하여 호텔기업의 환경보전 노력에 도움을 주고 있다.

<표 2-8>는 인터컨티넨탈 호텔 체인의 환경보호 프로그램을 지역별로 분류하여 나타낸 것이다.

<표 2-8> 인터컨티넨탈 체인 호텔의 그린마케팅 사례

| 체인 호텔명 | 환경보호 프로그램 | 효 과 |
|---|---|---|
| 북미 호텔 | ·객실에 분리수거함 설치<br>·객실에 식물성 비누 제공 | 연간 $300,000 절약 |
| 뉴욕 관측 사무소 | ·재활용 프린터 카타르지 사용. 카타르지 하나 구입 시 부랑자기금 $5를 기부 | 지역 사회에 홍보 |
| 시카고 호텔 | ·거리 청소실시<br>·종이류 사용 시 재활용 종이 사용 | 지역 주민에 홍보 및 비용감소 |
| 로스엔젤레스 호텔 | ·전기기구에 전열장치 설치 | 연간 약 $12,000의 전기료를 줄임 |
| | ·폐기물 재활용 프로그램 실시 | 연간 약 $4,700 절약 |
| 몬트리올 호텔 | ·건물에서 발생되는 열을 회수하여 재사용 | 연간 $25,000의 난방비 절약 |
| 마크 홉킨스호텔 | ·재활용과 에너지 보호 프로그램 실시 | 냉방비의 60%절감 전기료의 10%절약 |

자료: Stipanuk, David M., op. cit. p.82.

(3) 하모니 리조트(The Harmony Resort)

하모니 리조트는 오직 재활용품만을 사용하지는 않지만 전기의 사용 시에 수질보호 및 에너지 절약 정책을 추진하고 있고 종사원에게 환경 교육을 시키고 있다.

특히 이 리조트는 환경친화적인 재료를 사용하여 건축을 하고 비품의 제공이나 시설 설비에 있어서도 환경친화적인 제품을 사용하고 있다(Siebent, C. 1995).

호텔의 벽지는 신문지나 석고를 사용하였고 복도는 진흙으로 디자인하고, 못은 재가공 된 못을 사용하거나 오래된 폐기 처분할 못을 사용하였다. 하모니 리조트는 이러한 방식으로 건축 시 환경을 최대한 보호하고 주변의 경관에 어울리는 독특한 건축양식을 취하였다. 그리고 설비 및 기계, 비품은 모두 환경적으로 유익한 것을 사용하고 있다. 이러한 건축 방법 및 운영 방법으로 건물 자체가 관광객을 끌어들이는 요인으로 작용하고 있다.

2) 국내 호텔 그린마케팅 사례

(1) 그랜드하얏트

에너지 위원회가 구성되어 있으며 흡수식 냉동기 2대를 도입하여 3천만 원의 경비절감과 3%의 전력 절감효과가 있었다. 또 직물로 만든 세탁가방을 제공하여 고객 이용 시 10%할인을 해주고 있으며 베이커리에서도 비닐백 대신 면직 델리가방을 사용하고 있다.

(2) 르네상스 서울

폐식용유를 따로 수거하여 비누공장에 판매하고 있으며 사용하고 남은 음식물을 용도 변경하여 식음료 원가절감을 하고 있다.

(3) 레디슨 서울 프라자

그린카드제도, 어린이 환경캠프, 겨울철새 모이주기 운동 등을 실시하고 있으며 환경친화적 경영을 하는 기업에 지정되는 ISO14001을 국내 최초로 획득하였으며 환경경영 체제 구축에 적극 힘쓰고 있다. 또한 고객이 남긴 음식의 양을 분석하여 반찬별로 음식의 양을 조절하여 식음료 원가절감을 하고 고효율 에너지 기기도입으로 에너지를 절감하고 있다. <표 2-9>은 레디슨 서울 프라자 호텔의 그린마케팅 사례를 나타낸 것이다.

<표 2-9> 레디슨 서울 프라자호텔 그린마케팅 사례

| 정책 효과 | 실천사항 |
|---|---|
| 환경친화적 제품 및 서비스 | · 그린카드제도 시행<br>· 객실 일회용품 유상판매<br>· 재사용 세탁가방 제작<br>· 객실화장지 · 비누 재사용<br>· 마실 수 있는 지하수 개발 |
| 폐기물 발생절감 | · 폐기물 분리수거<br>· 음식물 폐기물 전량 재활용<br>· 부분별 수거용기 차별화 |
| 수질오염 최소화 | · 자가 측정체계<br>· 사내 관리기준 설정<br>· 오수 방류수 이용한 수족관 운영 |
| 천연자원의 효율적 사용 | · 건물 에너지 진단 실시<br>· 방축 열 냉동기 채용<br>· 그린에너지 패밀리 사업 참여 |
| 환경친화적 물질사용 | · 주방용 세제 안정성 검토<br>· 물질안전 보건자료 식별<br>· 화학물질 취급자 교육 |
| 지역 사회 보전활동 | · 어린이 환경캠프<br>· 하계휴양소 환경정화활동<br>· 겨울철새 모이주기 |
| 환경관련 실적인증 | · ISO14001 시범인증, 한국표준협회(1995.12)<br>· ISO14001 정식인증, 한국능률협회(1997.02)<br>· NCSI 4 연속 1위, 한국생산성본부(2001.12) |

자료: P호텔 내부자료 참조, 논자작성.


(4) 그랜드 인터컨티넨탈

객실과 식음료 업장에서 사용하는 물을 여과해서 정수처리한 후 다시 쓸 수 있도록 중수처리 설비를 설치가동하고 있으며 중수처리 설비의 가동으로 한달에 1만 통 이상의 하수를 재생하여 사용하고 있다. 객실의 수건도 고객이 원할 경우만 갈아주고 있으며 또 각 업장에서 음식물 쓰레기를 잘 처리한 업장을 선발하여 일년에 한번 해외여행을 보내는 등 환경문제를 잘 처리하고 있는 직원들에게 보너스를 주고 있다.

(5) 웨스틴 조선

침대 씨트 등 객실 세탁물을 고객이 원하는 경우에만 세탁하는 그린카드제를 실시하고 있으며 이제도의 시행으로 세탁용수가 평균 20% 절약되고 있다. 또한 음식물 쓰레기 압축기를 설치하여 음식물 쓰레기 양을 2/3 정도로 감량처리하고 있다.

## 4. 호텔 그린마케팅의 선행연구

김봉(1995)은 관광기업의 그린마케팅 전략을 환경지향적 제품의 개발(product planning), 가격 결정(pricing), 유통 시스템(place system), 촉진활동(promotion) 등의 4p의 관점에서 제시하였다. 따라서 관광기업에서도 시급히 환경 전담 기구를 설치해 폐기물에 대한 종합적인 시스템을 구축할 필요가 있다고 하였다.

김유희(1994)는 환경오염 문제에 대응한 기업의 그린마케팅 전략에 관한 연구에서 호텔기업의 환경오염 문제에 대한 호텔 이용객의 의식도를 조사한 결과, 호텔 이용액의 74%가 환경오염 문제에 높은 관심을 보이고 있으며 호텔기업 또한 환경보전에 대한 사회적 책임을 져야한다고 생각하고 있는 것으로 나타났다. 호텔기업의 그린마케팅 전략은 호텔 이용객의 만족도 및 기대감을 손상시키지 않는 분야 즉 이미지 그린 전략에 초점을 맞추어 전개되어야 하며, 이를 위해 호텔기업은 호텔 자체의 이미지평가 및 환경의식적 호텔 이미지에 대한 고객 지각도 조사를 비롯한 환경 관련 각종 사회적 활동 등 호텔 이미지 제고를 위한 노력이 요구된다고 하였다.

박세진(2000)은 호텔 그린마케팅의 시행을 위해서는 먼저 환경 친화적인 상품, 시설 그리고 서비스를 구매할 호텔 이용객의 그린 환경의식과 호텔 그린마케팅 전략의 표적이 되는 그린소비자들의 특성이 파악되어야 한다고 연구했다.

첫째, 실증조사결과 국내 호텔 시장에서도 그린소비자로 구성되는 세분 시장이 존재하고 있음을 확인하였고 기혼 여성은 음식 쓰레기 절감 프로그램·일회용 및 재활용 등의 환경 프로그램, 30 대는 재활용품, 40대 및 50대 이상과 201만 원에서 300만 원 정도 소득의 호텔 이용객은 환경보호 캠페인 등 실천적인 환경 프로그램, 대졸 이상의 고학력의 호텔 이용객은 수질 오염 방지에 높은 관심을 보이는 것으로 나타났다. 또한 환경친화적인 경영을 하는 호텔에 대해서는 호텔 이용객들이 긍정적 이미지를 형성하고 그린마케팅 실천에 따라서 호텔에 대한 홍보 효과도 높게 나타나 홍보비용까지 절감시킬 수 있는 것으로 나타났다.

둘째, 그린소비자는 환경에 대한 관심이 높고 비교적 소비자 노력의 효과성 자각이 높고 보수적인 성향이 낮으며 세계주의 의식과 포용력 또한 높은 것으로 나타났으므로 이러한 그린소비자의 특성을 효율적으로 반영하는 환경오염 방지를 위한 다양한 실천 프로그램을 개발하여 호텔 이용객들에게 환경친화적 호텔 이미지로 이끌어가야 한다고 하였다.

셋째, 효율적인 환경 프로그램 시행은 호텔의 제품 충성도를 확

고히 하기 위한 재방문 의사에 가장 영향을 미치는 요인이므로 호텔 이용객을 대상으로 하는 환경을 위한 캠페인이나 광고를 통해 환경친화적인 호텔 이미지 제고 및 환경친화적인 호텔로서의 차별화된 포지셔닝을 구축해야 한다고 하였다.

넷째, 호텔은 그린마케팅을 지속적으로 실시함과 동시에 그린소비자들에게 그린상품의 구매와 사용이 환경문제를 해결하는 사회적 책임감을 인식시키고 호텔이 호텔 이용객의 환경상품과 시설, 그리고 서비스를 선호하는 것에 대한 지속적인 노력을 하고 있음을 상기시켜 호텔의 이미지를 높일 뿐만 아니라 호텔을 이용하는 비그린소비자들에게 환경문제에 대한 이해와 인식을 점차적으로 증대시킬 수 있을 것이라고 하였다.

다섯째, 그린마케팅은 그 성격상 사회성 내지 공공성이 매우 강한 분야이므로 영리추구 실체인 호텔의 입장에서 볼 때는 지방자치단체 등과 같은 공공 부문에서의 적극적인 그린마케팅 활동을 통해 비그린소비자를 그린소비자로 유도하는 등의 역할이 필요하다고 하였다.

여섯째, 특급 호텔이라는 특수한 환경과 호텔 이용객 만족도를 충족시켜야하는 위험성을 배제하는 동시에 그린마케팅 전략을 시행하기 위한 방안으로 특급 호텔에서 이용객이 얻을 수 있는 논리적인 욕구만을 채워줄 수 있는 혜택을 제공한다는 것을 바탕으로 하여 그린환경을 위한 객실 내 설비 및 시설확충이 필요하다고 하였다. 이처럼 특급 호텔의 경우 국내·외적 환경규제가 심하고 외래 관광객들이 환경문제에 민감한 점을 감안하여 앞으로 자체적으로 환경친화적인 경영을 하는 동시에 호텔 이용객들에게 긍정적인 반응을 유도하여 호텔 이용을 최대화하고 재방문을 유도할 수 있는 마케팅 전략과 환경친화적인 경영에 적합한 시설확충에 힘을 모아야 한다고 하였다.

오석윤(1998)은 환경문제에 대응한 호텔기업의 그린마케팅 전략에 관한 연구에서 보면 조사대상자들은 주로 20~30대, 내국인, 직장인이었는데 그들은 국내의 환경오염 수준이 심각하며, 정부의 환경 정책이 강화되어야 하고, 환경오염이 생활에 많은 영향을 미치고 있다고 인식하는 것으로 나타났다. 그러나 환경문제에 대해 그 중요성 및 심각성을 인지하면서도 아직 구매행동에까지는 그것을 반영하고자 하는 의지가 부족한 것으로 나타났다. 또한, 호텔 이용객들은 금연, 온도 조정, 환경 프로그램 제공 등의 속성들에 대하여 협조적인 수용 태도를 보이고 있는 반면 전자 제품, 비품 절약 및 재활용, 비용, 서비스와 관련된 속성들에 대해서 소극적 수용 태도를 보였다. 이는 국내 특급 호텔들이 그린마케팅 정책수행 시 소극적 수용 태도를 보인 부분에서는 사전 홍보와 양해를 통해 제공하고 공지하여 단계적이고 선별적인 정책을 수행하는 것이 바람직하다고 할 수 있다. 여성, 내국인 30~40대, 주부·전문·자유직이 그 마케팅 전략의 수행에 비교적 적극적인 수용 태도를 보이고 있는 것으로 나타났으며, 객실 부문 투숙 일에 있어서는 연 10회 이상의 장기 투숙객이 적극적 수용 태도를 보이고 있다. 식음료 및 부대시설 이용 횟수에 있어서는 6~10회 및 31회 이상의 이용객들이 그린마케팅 전략수행에 협조적인 태도를 보이고 있는데 특히 단골 고객에 해당되는 11~30일(회)의 중사용자 (medium user)에 대한 그린마케팅 전략의 적극적인 홍보와 중요성에 대한 정보제공 노력이 필요한 것으로 나타났다. 또한 기타 관광 목적보다는 사업 목적, 객실보다는 식음료 부문 이용객, 저학력 이용객이 보다 비협조적인 태도를 나타냈으므로 적극적, 단계적 그린마케팅 전략수행이 요구되어야 함을 지적하고 있다.

윤용보와 박명만(1997)은 환경문제에 대응하면서 기업의 목적을 수행하기 위한 그린마케팅 전략을 연구하였는데 첫째, 그린마케팅 전략으로 기업의 출발점은 생산활동이므로 먼저 환경친화적인 생산 체제를 통하여 환경상품을 개발하는 생산활동 전략이 이루어져야 하며, 이에는 자원 및 에너지 절약, 폐기물 및 재활용 이용, 포장의 간소화 등이 있다고 하였다. 둘째, 환경제품 이미지 강화로 환경에 대한 소비자의 소구도 이루어지고 있지만 일부 분야에서는 중요성을 인식하는 소비자의 구성이 아직 낮은 부분도 있다. 이를 해결하기 위하여 전 소비자가 충분히 숙지할 수 있는 소비자 교육과 계몽이 필요하다고 역설했다. 그린제품을 소비자의 실제 구매로 유도하기 위하여 소비자에게 환경제품을 알리는 광고 및 판촉활동과 환경의 중요성을 인지시키는 촉진전략이 병행되어야 한다고 하였다. 셋째, 기업 이미지 구축으로 환경과 관련된 기업의 이미지 제고전략은 기업의 정책이나 경영 이념과 사회 공헌 등을 공개하고 소비자가 참여할 수 있게 함으로써 기업을 신뢰하게 하고 호의적인 기업 이미지를 형성시켜주는 전략이 필요하다고 하였다.

## 제3절 호텔서비스

### 1. 호텔서비스의 개념

호텔서비스는 호텔고객에게 제공되는 유·무형의 인적·물적·시스템적 활동의 총체이다. 가시적으로 나타나는 제반시설과 식음료·도구·소모품 등을 포함하는 원천적인 물리적 서비스, 종업원과 고객의 대인관계적인 인적 서비스, 접근성과 편리성 등의 입지, 호텔에 대한 고객의 이미지와 가격 등을 포함한다. 이는 하나의 대상 혹은 제품이라기보다는 무형성, 활동 혹은 수행과정으로서 고객의 참여(presence)와 상호작용관계이며, 재고가 불가능할 뿐만 아니라 수요에 따라 생산되거나 수행되어진다.

따라서 호텔서비스는 서비스 창조과정에서 고객과의 접촉이 크며, 호텔서비스 종업원의 재량의 정도는 낮으나 고객특성에 따라 주문화 되는 정도는 높은 성격을 가지고 있다. 호텔서비스가 관리론적인 관점에서 호텔서비스 마케팅의 결정변수이고 전략의 대상이 된다. 그러나 호텔서비스는 이용 가능한 제자원인 인적·물적·시스템적 서비스 이외에 고객을 향해 제공되는 형태로서 독립된 서비스와 복합된 서비스, 그리고 완전 합치된 서비스로도 분류할 수 있다.

호텔서비스의 구성요소는 매우 다양한 성격을 가지고 있는 부분들로 구성되어 있으나 기능별로는 객실부문·식음료부문·부대시설부문으로 대별할 수 있다. 호텔은 점차 다양한 기능의 복합적인 특성을 가지게 됨에 따라 호텔서비스의 속성도 다원성을 가지

면서 고객과 관리의 양면성이 있다고 할 수 있으므로 부문별, 서비스 특성별 전략은 물론, 실제적 서비스 제공보다 특성화・개별화・세분화・차별화 계획 등이 필수적으로 전제가 되어야 한다. 또한 호텔서비스는 추상성이 대체로 낮은 특징을 가지고 있으며, 특히 고객의 평가가 용이하며, 고객이 서비스 이용 시 느끼게 되는 욕구충족에 대한 불안감으로서 지각된 위험(perceived risk)의 정도가 크다고 할 수 있다. 이는 Spence et al(1970) 등이 지적한 바와 같이 호텔서비스의 경우 호텔 이용 전에는 서비스에 관한 정보의 질과 양이 적을 수밖에 없기 때문이다.

호텔서비스의 특성은 일반적인 서비스 개념이 무형적인 것과는 달리 유형・무형의 복합적 기능을 가지고 있다. 호텔의 입지조건, 제반시설과 식음료, 도구, 소모품 등의 물리적 서비스와 체계화된 업무조정과 조직적인 협동 등의 운영적 서비스, 그리고 종업원과 고객 간의 접촉관계에서 나타나는 인적 서비스 등의 종합적 서비스이다.


## 2. 서비스 품질과 가치

1) 서비스 품질

품질(quality)이라는 용어는 학자와 실무자들 사이에서 중요하게 인식되어 널리 이용되고 있지만 이에 대한 개념은 연구자에 따라 또는 연구목적에 따라 다르게 설정되고 있다.

즉, 품질은 상대적이지 절대적인 것은 아니며 따라서, 어떤 단일한 개념정의가 모든 이에게 적용될 수는 없는 것이다. 더욱이 서비스 고유의 특성(무형성・이질성・비분리성)에 기인하여 서비스의 품질을 이해하는 것은 더욱 어렵다.

Parasuraman, Zeithaml, and Berry(1985, 1988)는 서비스 품질이란 "서비스의 우수한 성과에 관련한 전반적인 판단이나 태도이다."라고 정의하고, 지각된 품질에 대해서 "소비자의 지각과 기대 사이의 차이의 방향과 정도로 보여 진다."고 하여 지각된 품질을 기대와 성과의 개념에 연결시키고 있다.

서비스 품질을 측정하는 문제에 있어서 널리 이용되는 모형은 Service Quality와 Service Performance 모형 두 가지이다. 이들은 서비스 품질을 측정하기 위해 SERVQUAL이라는 모형을 개발하였다. 이 방법은 서비스 품질은 서비스를 받기 전의 서비스에 대한 기대(기대된 서비스)와 서비스에 대한 실제 경험(지각된 서비스)의 비교를 통하여 평가된다는 것이다. 즉 서비스 제공자의 일반적 성과에 대한 기대와 특정 서비스의 실제적 성과 간의 차이를 말하는데, SERVQUAL는 성과에서 기대를 뺀 것으로 표현할 수 있다.

SERVQUAL 모형은 설문지를 통해 응답자들이 특정 기업의 어떠한 서비스 특성에 관한 그들의 기대를 몇 개의 차원을 통해 완성하게 된다. 응답자들은 또한 그 기업의 동일한 특성에 대한 성과를 기록하게 된다. 이러한 측정을 통해 기대와 성과에 대한 차이를 비교하게 되며 여기서 인지된 성과가 기대수준보다 낮다면 이것은 서비스 품질이 낮다는 것이고, 그 반대는 좋은 서비스 품질을 나타낸다. 이들의 연구는 서비스를 구성하는 요소 및 이의 측정에 대한 통찰을 제공한다.

서비스 품질의 측정을 위해 이들은 1985년 포커스그룹인터뷰(FGI: Forcus Group Interview)를 통해 소비자가 서비스를 평가하는 97개 항목/10가지 차원을 만들었다. 이후의 연구에서 이들은 이러한 변수들 간에 상관관계가 있음을 발견하고, 이들을 22개 항목인 유형성(Tangibles), 신뢰성(Reliability), 반응성(Responsiveness), 확신성(Assurance), 공감성(Empathy)의 5개의 차원으로 통합하였다.

Cronin과 Taylor(1992)는 자신들의 연구에서 SERVQUAL식의 서비스 품질의 개념화와 조작화가 부적절하다는 주장을 하였다. 이들은 '서비스 품질=성과'라는 공식을 수립하고 SERVPERF라고 명명함으로서 서비스 품질을 서비스의 성과로서 측정하고자 하는 노력들을 통합하면서 서비스 품질 측정의 대명사격인 SERVQUAL에 대한 비판을 시도하였다. 그 내용은 SERVQUAL개발의 이론적 토대가 된 서비스 품질과 소비자 만족에 대한 기존연구에 개념적으로 상당한 혼란이 존재한다는 점이다. 다시 말하면, 소비자들은 개념적으로는 기대와 성과를 비교하여 그 차이를 산술적으로 계산할 수는 있지만 실제로는 그렇게 할 수 없다는 것이다. 왜냐하면 측정이 잘못되거나 노력이 많이 들어가야 하고 또한 대부분의 성과변수들(아름다움·즐거움 등)이 양적인 것이 아니기 때문이다.

아직까지는 서비스 품질 측정에 있어서 두 모형의 우수성에 대한 논쟁의 여지가 많지만 대체로 SERVPERF모형이 널리 이용되고 있는 추세이다.

2) 서비스 가치

가치가 인간의 행동에 영향을 미친다는 측면에서 고찰하면 의견·신념·태도 홍미 등 보다 포괄적인 개념으로서 동일한 행동을 평가할 때 근본적이고 광범위한 개념으로 평가된다. 이들 상호간에는 「의견→신념→태도→홍미→가치」와 같은 계층적 구조가 구성되어 있어서, 가치를 인간행동결정의 최상위 개념으로 분류하고 있다.

소비행동과 관련하여 Peter & Olson(1990)은 가치를 소비자들이 달성하려는 가장 기본적이고 근본적인 욕구와 목표의 인지적 표현이라고 하였다. 즉, 가치는 소비자가 자신의 생애에서 달성하고자 하는 중요한 최종상태에 대한 정신적 표현이라는 것이다. 또한 인지적 표현 혹은 가치란 기능적 혜택이나 심리사회적 혜택보다 추상적이며, 가치만족은 매우 주관적이고, 무형적이고, 그리고 상징적인 의미를 포함하는 경향이 있다고 하였다.

Rokeach(1973)는 가치를 추상적인 정도에 따라 수단적 가치와 최종가치로 구분하였다. 최종가치(terminal value)는 선호되는 최종상태를 나타낸다. 행복 혹은 지혜 같은 최종가치는 수단적 가치보다 더 추상적인 목표의 표현이다. 즉 이는 소비자가 인생에서 궁극적으로 달성하고자 하는 지상의 목표를 나타낸다.

Sheth, Newman, & Gross(1991)는 가치를 다섯 개의 차원으로 구분하고 있다. 제품의 품질·기능·가격·서비스 등과 같은 실용성 또는 물리적 기능과 관련된 기능적 가치, 제품을 소비하는 사회계층집단과 관련된 사회적 가치, 제품의 소비에 긍정적 또는 부정적 감정 등의 유발과 관련된 정서적 가치, 제품소비의 특정 상황과 관련된 상황적 가치, 그리고 제품소비를 자극하는 새로움·호기심 등과 관련된 인식적 가치들을 의미한다. 그들은 이상의 다섯 가지의 가치가 시장선택의 가장 커다란 영향요인이 될 수 있음을 시사하고 있다.

서비스 가치의 개념이 지각된 제품가치의 개념과 유사하다면, Zeithaml(1988)의 서비스 가치의 연구는 서비스를 이용함으로서 얻어지는 효익(효과와 이익)과 그것을 얻기 위해 투자한 비용에 대한 고객평가 사이의 거래관계를 수반하는 것으로 고려될 수 있음을 시사한다.

Bolton & Drew(1991)는 서비스 가치에 대한 고객평가는 행위의도와 구매행동에 영향을 미치는 것으로 가정하고 있다. 그들은 화폐적 비용과 비화폐적 비용, 고객기호, 그리고 고객특성의 차이 때문에 서비스 가치의 고객평가가 구별될 수 있음을 주장한다. 또한 그들은 지각된 희생과 고객특성, 서비스 가치, 행위의도, 그리고 구매행동 사이의 이론적 연결 관계의 구체화를 시도하였다.

서비스 가치의 고객평가는 고객의 희생(화폐적 희생, 비화폐적 희생 등)과 효익에 의해 결정되며, 고객의 준거 틀에 의해 나타난다. 지각된 서비스 가치에 대한 많은 연구는 "서비스의 가치는 서비스를 얻기 위해서 필요한 희생과 서비스로부터 얻어지는 지각된 효익을 소비자들이 비교"하여 나타나는 것으로 보았다.

즉, 서비스의 효익은 다른 상징적인 것(추상화)과 지각된 서비스 품질에 대한 측정을 포함하고 지각된 희생은 실제의 지각된 서비스 가격과 함께 제품의 획득과 사용을 위해서 소비한 노력과 다른 비화폐적 비용을 포함한다. 또한 지각된 서비스 가치는 특정 상황과 배경을 의미하고, 투자한 지각된 희생과 제공받은 다양한 종류의 효익을 설명해주는 여러 가지 의미의 해석이 가능하다고 할 수 있다.

따라서 서비스 가치를 정의하는 데 있어서 고려해야 할 점은 위에서 고찰한 바와 같이 인간의 심리적인 관점을 포함해야 하고, 가격·품질보다는 좀 더 복잡한 개념으로 정의해야 한다. 즉 서비스 가치는 서비스 생산 그 자체가 본질적인 가치가 아니라 인지된 서비스 품질과 같은 것이 전체 서비스 가치로 형성된다는 점에서 품질이나 가격보다 설명력이 높다는 것이다. 서비스 가치와 관련된 여러 개념에 대한 관계는 <표 2-10>과 같다.

<표 2-10> 가치의 차원

| 연구자 | 속성과 품질차원 | | 가치차원 | |
|---|---|---|---|---|
| Rokeach(1973) & Howard(1977) | 제품속성 | 선택의 기준 | 수단 가치 | 최종가치 |
| Young & Feigen(1975) | 기능적 편익 | 실질적 편익 | 감정적인 차원 | |
| Gerstfed, Sprotes & Badenhop(1977) | 구체적, 단일차원, 측정가능한 속성 | 추상적, 다차원적, 측정가능한 속성 | 추상적, 다차원적, 측정의 어려움 | |
| Cohen(1979) | 속성 | 도구적인 속성 | 고가치적 상태 | |
| Gutman & Reynolds(1979) | 속성 | 결과 | 가치 | |
| Myers & Shocker(1981) | 물리적 특성 | 물리적 특성 | 기업의 가치 | 사용자 차원 |
| Olson & Reynold(1983) | 구체적 속성 | 추상적 속성 | 도구적 가치 | 최종가치 |
| Peter & Olson (1987, 1990) | 구체적 속성 / 추상적 속성 | 기능적 혜택 / 심리사회적 혜택 | 수단적 가치 | 최종가치 |

자료: Zeithaml, V. A, "Consumer Perceptions of Price, Quality and Value: A Mean-End Model and Systhesis of Evidence," Journal of Marketing, Vol.52(Jul), 1988, p.6. Peter, J. P. and Olson, J. C., Consumer Behavior and Marketing Strategy, Irwin, 1990, pp.75-80.

## 3. 소비자 만족과 구매결정

### 1) 소비자 만족

지난 20년간 소비자만족·불만족은 주로 불만족과 관련한 연구가 이루어 졌으나 최근 들어 만족에 대한 연구가 다루어지고 있다. 소비자만족·불만족의 연구는 Oliver(1980, 1989, 1993)와 공동 연구자들(Mano & Oliver 1993)이 특히 두드러진 기여를 했다. 소비자만족·불만족 평가에 영향을 미치는 종래의 인지적 평가속성의 틀을 벗어나서 감정적 속성에 의해서도 영향을 받을 수 있음을 실증분석을 통해 검증하고 있다.

  이들의 연구에서 소비경험 이후의 만족평가에 영향을 미치는 정서적 반응을 긍정적 감정과 부정적 감정으로 구분하여 10개의 속성으로 측정하고 평가를 유발하는 제품의 차원을 제품으로부터 얻어지는 기능적(수단적 효용적)성과와 심미적(쾌락적)성과를 구분하고 있다. 효용을 욕구와 가치요소로 쾌락을 흥미 적극성으로 나누고 효용과 쾌락의 중립요소로 환기를 계시하고 있다. 여기서 쾌락적(심미적)성과는 느낌이나 감정과 연결되고 수단적(효용적) 성과는 인지적 사고와 관련된다. 그들이 측정한 정서문항(40개)의 요인구조는 좋은 기분, 두려움, 나쁜 기분, 환기, 따분함, 침착함, 놀라움, 죄책감, 조용함, 즐거움 등 이었으며 평가문항(25개)의 효용과 쾌락적 요인구조는 욕구, 가치, 흥미, 긍정, 희망 등 평가·감정 그리고 소비자만족의 인과적 관계모델은 <그림 2-2>와 같다.

<그림 2-2> 평가·감정 그리고 소비자만족의 인과적 관계모델

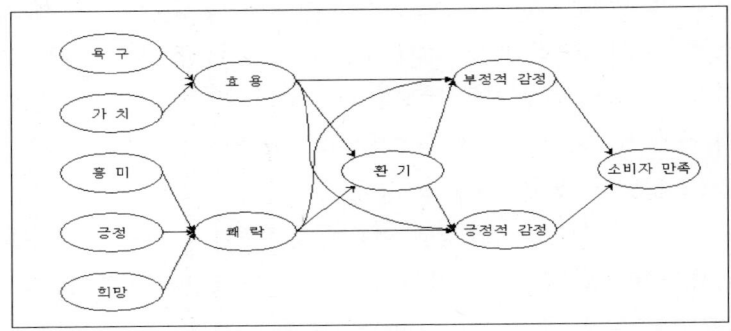

자료: Mano & Oliver(1993) 모델.

소비자만족·불만족은 사전기대와 실제성과 차이로부터 일어나는 불일치 함수로 받아들여지고 있다(Bolton & Drew 1991; Yi 1990). 소비자만족·불만족 문헌은 기대와 성과수준의 지각이 소비자만족에 직접적인 영향을 미치고 불일치를 통해서 간접적으로 영향을 미치고 있음을 밝히고 있다(Bolton & Drew 1991; Tse & Wilton 1988).

소비자만족은 서비스접촉 후 기대불일치에 의해 형성되는 것으로 보고 있다(Bitner & Wilton 1988). 불일치 패러다임의 이론적 기초는 서비스·제품 성과가 어떻게 제공될 것인가? 어떻게 제공되어져야 하는가?와 관련한 사전기대와 서비스제품 성과의 비교에 의해 소비자만족에 이르는 것을 일컫는다. 소비자는 각 서비스제품이 어떻게 제공될 것인가에 대한 사전기대를 갖는다고 가정한다. 기대는 서비스·제품이 소비되는 과정에서 실제의 성과와 비교하게 된다.

일치·불일치 패러다임은 소비자만족·불만족모델의 한 과정으로 폭넓게 인식되고 있는데 <그림 2-3>과 같다. 이 과정의 중요한 요소는 특정 서비스·제품의 선택 시점에서 기대·속성·신념·태도·의도 선택으로 연결되는 계층적 구조를 수반하고, 일치·불일치 평가는 기준에 대한 실제성과의 비교로 이루어진다. 일치는 성과와 기준이 부합할 때 나타나며 중립적인 감정을 유발한다. 소비자가 기대한 것을 얻지 못하였을 때 불일치가 나타나는데 기준 이상의 성과는 긍정적 불일치를 낳고 만족을 이끌어 낸다. 반대로 기준 이하의 성과는 불일치를 낳아 불만족을 이끈다.

<그림 2-3> 기대불일치 모델

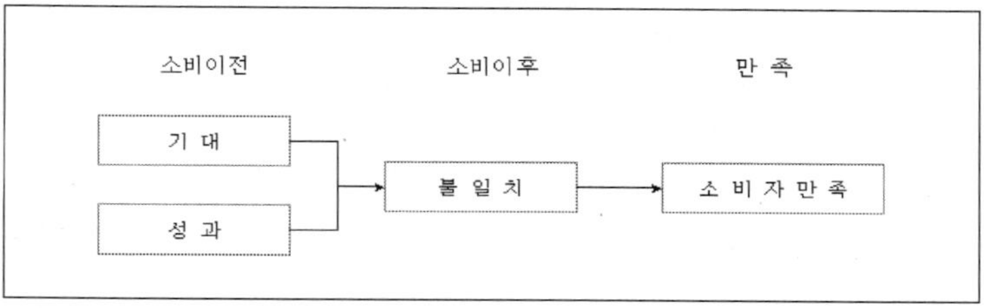

자료: Yi(1991, 1993)의 모델.

Yi(1990)은 불일치를 객관적 불일치와 주관적 불일치로 나누고 주관적 불일치를 다시 추론적 불일치와 지각된 불일치로 설명하고 있다. 객관적 불일치는 기대와 객관적 성과의 차이로부터 주관적 불일치는 기대와 서비스·제품의 지각된 주관적 성과 차이로부터 나타난다. 소비자만족의 예측치로 주관적 지각된 불일치가 가장 효과적인 측정방법이라고 할 수 있다.

앞에서 논의한 바와 같이 소비자만족·불만족은 개별 서비스·

제품·브랜드가 어떻게 수행될 것인가에 대한 기대를 갖고 있는 것으로 가정하고 있다. 형성된 기대는 서비스·제품을 소비하면서 성과에 대한 실제 지각과 비교하게 되고 기대가 성과를 초과하게 되면 불만족으로, 기대가 성과와 부합하거나 초과하게 되면 만족이 형성된다. 만족은 서비스에 대한 소비자의 일반적 태도와 같지 않지만 아주 밀접한 관계가 형성되고 있으며 태도와 만족을 구분하는 핵심적인 요소는 태도가 비교적 일반적으로 지속적인데 만족은 제한적 잠정적 평가와 관련된다(Bitner 1990).

그러나 기대 성과평가 불일치는 모든 서비스·제품에 반드시 적용되는 독립변수는 아니다(Bolton & Drew 1991).

Oliver(1980)는 지속적으로 제공되는 서비스 또는 오랜 기간 사용되는 내구재의 소비자반응은 수동적 기대에 의존할 수밖에 없기 때문에 성과는 경험에 근거한 기준범위의 밖에 있을 뿐만 아니라 불일치가 적용될 수 없다고 하였다.

기대 성과평가 불일치는 서비스에 대한 소비자만족·불만족의 잠재적 선행변수가 되며 지속적으로 제공되는 서비스(예를 들면: 공공서비스·호텔서비스·전화서비스·케이블TV 등)는 성과평가만으로 가능하다. 결론적으로 소비자만족의 평가는 기대와 성과 사이의 주관적 지각 불일치에 의해 평가되는 것이 가장 효과적인 접근방법이라고 할 수 있다.

2) 구매의도

소비자의 구매의도는 서비스·제품의 재구매가능성이 있거나 또는 다른 사람들에게 서비스·제품의 우수성을 자발적으로 추천할 가능성이 높은 상태를 의미한다. 호텔서비스 이용자가 이용호텔의 재이용가능성과 다른 사람들에게 권유가능성 등은 특정 호텔에 대한 구매의도가 형성된 것으로 간주할 수 있다.

구매의도는 지각된 서비스 품질·소비자만족·서비스 가치 등에 의해 영향을 받고 구매행동에 영향을 미친다.

## 4. 개념들의 관련성

### 1) 서비스 품질·고객만족·구매의도의 관련성

서비스 품질과 고객만족은 구매의도의 중요한 변수로 알려져 있다. 그러므로 서비스 품질과 고객만족이 어떻게 구매의도에 영향을 미치는가에 대한 연구를 고찰할 필요가 있다. 그것은 두 개념이 구매의도에 어떠한 영향을 미치는가에 대한 분석이 고객만족과 서비스 품질의 인과관계를 규명하는 데 도움이 되기 때문이다.

Oliver(1980)는 고객은 서비스 수행에 대한 이전의 기대를 바탕으로 서비스 제공자에 대한 태도를 결정하며, 이러한 태도는 그들의 행위의도에 영향을 미친다고 주장하였다.

이때 태도는 기업과 지속적으로 마주하는 동안에 고객이 경험하는 만족·불만족의 수준에 의해 수정된다고 보았다. 또한 수정된 태도는 고객의 현재 구매의도를 결정하는 데 중요한 영향을 미친다고 보고, 서비스 품질을 태도로 파악하면 고객만족이 서비스 품질에 우선한다고 하였다.

Bitner(1990)은 좋은 물적 환경은 고객만족을 높이고 고객만족이 높을수록 서비스 품질에 대한 고객의 태도는 좋게 형성되어 서비스의 구매가능성이 커질 수 있다고 주장하였다. 즉 서비스 품질은 고객만족과 구매의도를 중재하는 변수라고 가정하고 연구를 진행하였다. 따라서 그는 서비스 품질과 고객만족의 구조를 설명하면서 '고객만족→ 서비스 품질→ 구매의도'에 대한 영향경로를 제시하였다.

그러나 Cronin & Taylor(1992)는 Bitner(1990)가 제시한 경로를 분석하여 이를 지지하지 못한다는 결과를 제시하며, 서비스 품질이 고객만족의 선행변수라고 하였다.

Woodside(1989) 등도 서비스 품질과 지각과 고객만족 및 구매의도 간의 관계를 파악하기 위한 연구에서 고객만족은 서비스 품질과 구매의도 사이에 있는 매개변수라고 설명하고 있다.

지금까지 진행된 서비스 품질과 고객만족에 관련된 연구의 대부분은 '서비스 품질이 고객만족의 선행변수'인가 또는 '고객만족이 서비스 품질의 선행변수'인가라는 논의를 지속하고 있다. 그러나 두 개념 사이에 나타나고 있는 논의는 지속되고 있는 연구에도 불구하고 가까운 시일 내에는 결론이 유도되기 어려운 실정이다.

서비스 품질과 구매의도의 관련성은 많은 연구를 통해서 직접적인 인과관계가 형성되고 있음이 밝혀지고 있다(Bitner, 1990; Leblanc, 1992; Parasuuaman et al, 1985, 1988, 1991). 즉, 서비스 품질에 대한 고객의 평가가 좋거나 나쁨에 따라서 구매가능성이 커질 수 있으며, 또한 작아질 수 있음을 의미하는 것이다.

또한 고객만족과 구매의도의 관련성도 많은 연구들을 통해서 유의한 인과관계가 형성되고 있음이 밝혀지고 있다. 고객만족이 구매의도에 서비스 품질을 매개변수로 하여 간접적으로 또는 매개적 역할이 없이 직접적으로 영향을 미치고 있음을 밝힌 연구 (Bitner, 1990; Cronin & Taylor, 1992; Formell, 1992)의 결과들이 이들 변수 간의 유의한 상관관계를 잘 설명해 주고 있다.

2) 서비스 품질·서비스 가치·행위의도의 관련성

서비스 품질·서비스 가치 그리고 구매의도의 관계를 검증하려는 연구는 다각도로 진행되어 왔다. 특히 이와 같은 연구의 대부분은 서비스 품질과 서비스 가치의 두 요인과 구매행동 간의 상관관계 또는 인과관계를 분석함으로서 어떤 요인이 구매행동에 보다 영향력이 있는가를 설명하려는 관점에서 연구가 이루어졌다.

Bolton & Drew(1991)는 서비스 품질과 서비스 가치의 소비자 평가모델을 개념적 틀로 제시하였다. 서비스에 대한 소비자의 전반적 평가는 내적 상관관계의 연속으로 구분(성과평가·품질·가치)할 수 있음을 시사하였다. 대부분의 서비스는 핵심요소의 서비스, 시설요소의 서비스, 지원요소의 서비스의 묶음으로 다차원성이라고 할 수 있다.

따라서 다속성 모델에서와 같이 서비스 성과의 소비자 지각은 특정 서비스 속성과 차원에 관한 성과평가의 기초가 될 수 있다고 하였다. 즉 소비자의 불일치 경험, 기대, 그리고 지각된 성과수준은 특정 서비스 거래에서 고객만족·불만족에 영향을 미칠 수 있으며, 이것은 고객만족·불만족이 서비스 품질의 전반적 평가에 영향을 미칠 수 있음을 시사해 주는 것이라고 할 수 있다.

또한 많은 연구결과는 서비스 가치가 구매행동에 보다 많은 영향력이 있다고 제시하고 있다. Dodds et. al.(1991)는 서비스 품질 평가와 관련하여 가격과 점포명이 미치는 영향에 관한 연구에서 구매의도에 가장 많은 영향을 미치는 것을 서비스 가치라고 하였다. 이 연구에서는 지각된 품질과 지각된 비용이 지각된 서비스 가치를 형성하고 지각된 서비스 가치가 구매의도에 가장 많은 영향을 미친다고 보았다. 따라서 행위의도가 형성되는 전체조건은 지각된 서비스 가치의 형성 여부이며, 지각된 서비스 가치 형성에 따라서 구매의도가 형성되는 것으로 볼 수 있다.

Dodds et al.(1991)도 지각된 가격이 지각된 품질과 지각된 회생에, 지각된 품질과 지각된 희생이 지각된 가치에 직접적인 인과관계가 있으며, 지각된 품질은 가치를 매개변수로 해서 구매의도에 간접적인 영향을 미치지만 가치변수의 매개역할이 없이도 직접적인 영향을 미치고 있음을 밝히고 있다.

Szybillo & Jacoby & Olson(1985)는 그들의 『지각된 서비스 품질』이라는 저서에서 지각된 가치가 지각된 서비스 품질보다 구매의도의 더 좋은 예측치가 될 수 있다고 하였다.

이것은 지각된 서비스 품질이 지각된 가치와 구매의도의 관계에서 지각된 가치보다 구매의도에 좋은 예측치가 되지는 못하지만 직접적인 인과관계가 형성되고 있음을 시사하는 것으로, Dodds et al.(1991)의 연구결과를 통해서 지각된 서비스 품질이 지각된 가치를 매개하지 않고도 구매의도에 직접적인 관계가 형성되고 있음을 확인하였다(지각된 서비스 품질→서비스 가치→구매의도).

Rust R. T.(1996)는 인지된 서비스 가치를 구매와 재구매를 결정하는 요인으로 평가하였다. 이들은 서비스 가치가 품질이나 가격과 높은 상관관계에 있기 때문에 서비스 품질을 이상적으로 평가하면 서비스 가치도 높다고 주장하였다. 그러나 가격이 높으면 서비스 가치가 하락함으로서 서비스 가치를 가격에 대한 상대어로 평가하여, 서비스 가치와 서비스 품질이 상반되는 경우가 있다는 점을 지적하였다.

서비스 가치는 서비스를 얻는 편익에 대한 고객의 지각과 서비스를 구입하는 비용 간에는 부(−)의 상관관계가 있다는 것이다. 이를 경제학적인 관점에서 효용이론과 결합하여 보면, 서비스 품질이 증가하면 효용은 증가하고 가격이 증가하면 효용은 감소하는 것으로 볼 수 있다. 따라서 '가치=품질의 효용−가격의 비효용'의 공식이 제안될 수 있다.

Randall & Senior(1996)는 가격보다 서비스 가치가 고객에게 타당한 개념으로 받아들여진다고 보았다. 이들은 비가격적 비용인 시간과 심리적인 비용까지를 포함한 개념이 서비스 가치이기 때문에 고객의 행동을 설명하는 보다 적절한 개념을 서비스 가치로 설정하였다. 또한 고객은 금전적인 가격을 지불하고 비금전적인 비용을 줄이려 하거나, 같은 가격이면 보다 질 좋은 서비스를 원하게 되므로 고객행동을 설명하는 보다 적절한 개념을 서비스 가치로 설정하였다. 또한 고객은 금전적인 가격을 지불하고 비금전적인 비용을 줄이려 하거나, 같은 가격이면 보다 질 좋은 서비스를 원하게 되므로 고객행동을 설명하는 주요 개념은 서비스 가치임을 밝히고 있다.

특히 고객은 서비스 품질을 평가할 경우에는 양적인 측면과 질적인 측면, 편리함과 같은 변수를 이용한다. 또한 지불된 비용에는 금전적인 지불뿐만 아니라 시간적인 비용과 개인의 노력 등도 포함시킨다. 이상의 논의로 볼 때, 서비스 가치는 고객의 구매의도를 설명하는 데 있어서 서비스 품질이나 고객만족보다 유용한 개념으로 판단할 수 있다.

3) 고객만족과 서비스 가치의 관련성

서비스 가치의 개념은 연구자들과 실무자들을 통해서 다양한 의미로 다루어지고 있다. 그러나 고객만족과 서비스 가치의 관계에서, 서비스 가치는 두 가지 관점에서 접근할 수 있다. 첫 번째 관점은 고객만족에 선행하는 관점이다(서비스 가치→고객만족). 서비스 가치에서 서비스 가치는 종종 얻는 것과 잃은 것을 비교하여 나타난 공정성(가치)의 지각이 고객만족과 직접적인 인과관계가 있다는 것이다.

최근의 연구에서는 가치를 수단적(실용적) 가치와 정서적(쾌락적) 가치로 구분하고 이들 가치가 고객만족에 영향을 미치는 선행변수가 되고 있음이 밝혀지고 있다. Rokeach(1968, 1973)는 개인의 가치를 수단적 가치와 최종가치로 분류하고, 속성들의 집합인 구매를 통한(수단적 가치) 안락한 생활(행복)과 같은 최종가치를 얻는 방향으로 진행된다고 하였다. 이들 가치가 고객만족의 한 유발요인이 된다는 연구결과가 이를 지지하고 있다.

두 번째 관점은 고객만족이 가치변수라는 매개를 통해서 구매의도에 영향을 미칠 수 있다는 것으로 가치가 고객만족의 후행변수라는 관점이다(고객만족→서비스 가치). 지난 수년간 연구자들은 고품질의 서비스 또는 제품의 전달이 고객만족을 통해 이익창출(예를 들면; 가치)에 영향을 미칠 수 있음을 입증하고 있다.

Cronin & Taylor(1992)는 서비스 품질, 고객만족 그리고 구매의도의 인과관계를 SERVPERF를 이용하여 검증한 결과 서비스 품질과 고객만족 간의 직접적인 인과관계는 나타났으나, 서비스 품질과 구매의도 간의 인과관계는 유의한 결과를 얻지 못하였다. 그러나 고객만족과 구매의도 사이에는 직접적인 인과관계가 나타났다. 그들은 이와 같은 연구결과를 토대로 서비스 품질, 고객만족 이외의 다른 변수(예를 들면 서비스 가치)가 행위의도에 새로운 평가기준이 될 수 있음을 시사하였다(서비스 품질→고객만족→서비스 가치→구매의도).

이상의 논의를 통해서 다음과 같은 세 가지 논의가 가능하다.

첫째, 고객만족은 서비스 품질과 서비스 가치를 매개로 해서 간접 또는 직접적으로 구매의도에 영향을 미친다.

둘째, 고객만족은 서비스 품질을 선행변수로 하고 서비스 가치를 매개로 간접 또는 직접적으로 구매의도에 영향을 미친다.

셋째, 고객만족은 서비스 품질과 서비스 가치를 선행변수로 하여 구매의도에 직접적으로 영향을 미친다.

# 제3장 실증연구의 설계와 연구방법

## 제1절 연구모형의 설계

본 연구는 그린마케팅에 대한 이론적 검토를 토대로 호텔 그린마케팅의 외부영향요인과 내부영향요인을 분석하고, 실증분석의 틀을 이용하여 소비자들의 환경의식과 구매행동 간의 관계를 서비스이익사슬(Service Profit Chain)(James L. Heskett, Thomas O. Jones, Gary W. Loveman, W. Earl Sasser, and Leonard A. Schlesinger, 1994)이라는 체계를 이용하여 밝히고 이러한 분석을 통해 앞으로 호텔 그린마케팅이 나아가야 할 방향을 제시하고자 하였다.

그리하여 본 연구에서는 기존의 연구를 하나의 프레임워크 내로 연계시켜 그린마케팅의 영향요인과 성과에 대한 연구모형을 개발하고 이를 실증적으로 분석하고자 한다. 이를 위해 모형설정을 위한 이론적 내용을 고찰하였으며, 이에 근거하여 각 요인 군에 포함된 요인과 그 의의를 살펴보았다.

이러한 것을 토대로 연구모형을 설정하였다.

첫째, 호텔 그린마케팅의 외부영향요인은 법적규제, 소비자의 환경민감성, 그린시장의 규모로 구성하여 분석한다. 법적규제는 환경규제 법규의 종류(Arndt, 1983)와 정부의 환경규제 법규의 집행강도 등의 개념으로 분석하고, 소비자의 환경민감성은 Day & Nedungdi(1994)가 사용한 소비자들의 환경문제에 대한 관심, 환경친화적 소비자의 증가 등의 개념으로 분석한다. 그린시장의 규모는 환경마크 대상 품목 및 인증 제품과 산업자원부 기술 표준원에서 실시하는 GR마크(Good Recycled Mark), 에너지 관리 공단에서 실시하는 에너지 절약마크 등의 인증제품을 통해 그린시장 규모 등을 기본개념으로 분석한다.

둘째, 호텔 그린마케팅의 내부영향요인은 최고 경영자의 환경민감성, 환경 담당부서 운영의 유무, 환경관리 수준으로 분석한다. 최고 경영자의 민감성은 Jaworski와 Kohli(1993)의 최고 경영자의 환경친화적 마케팅활동에 대한 신념, 종업원 교육에서 환경친화적 측면 강조, 환경 담당부서 운영의 유무는 환경업무를 전담하는 부서가 있는지, 환경예산을 편성하는 환경담당 직원 수, 직위 등의 개념으로 연구한다.

환경관리의 수준은 Jenning와 Zandbergen(1995)의 환경보전, 환경방침의 발표, 환경친화적 제품개발, 정부의 환경규제에 대비, 환경관리의 자체교육 실시, 환경감사 등의 개념으로 분석한다.

셋째, 서비스 품질과 가치는 서비스 가치사슬을 근거로 Parasuraman, Zeithaml & Berry, Cronin & Taylor(1992), Oliver- (1993) Peter & Olson(1990), Rokeach(1973), Bolton & Drew(1991), 이유재·김우철(1998), 등의 선행연구를 따랐으며 Peter J. P & Olson J. C(1990), Montgomery, 한동녀(1998), 최병룡(1999) 등의 선행연구 결과를 근거로 구매결정을 설정하였다.

이상의 내용을 바탕으로 설계된 본 연구의 모형은 <그림 3-1>과 같다.

<그림 3-1> 연구모형도

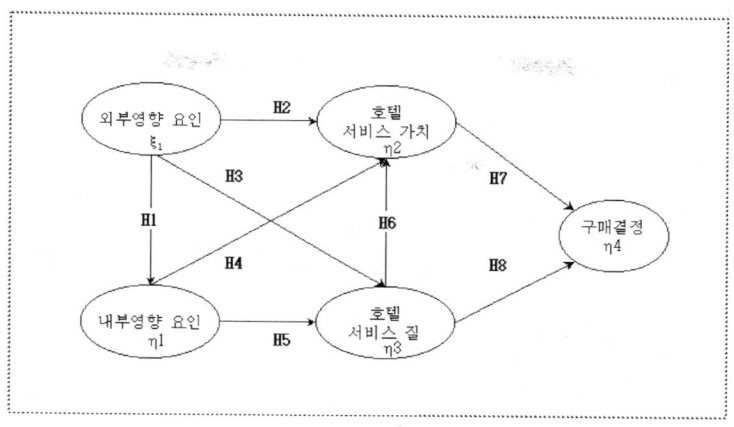

# 제2절 주요변수의 구성개념과 연구가설의 설정

## 1. 주요변수의 구성개념

본 연구는 그린마케팅의 영향요인들이 호텔서비스의 질과 가치에 영향을 주고 호텔소비자가 최종적인 구매의사결정을 할 때 어느 정도의 영향력이 미치는지에 대하여 살펴보고자 한다. 본 연구를 수행하기 위한 주요변수의 구성개념에 대하여 설명해 보고자한다.

### 1) 호텔 그린마케팅의 외부영향요인

본 연구에서는 호텔 그린마케팅의 외부영향요인은 호텔의 법적규제, 환경오염에 대한 소비자의 환경민감성, 그린시장의 규모로 구성된다고 조작적 정의를 내렸고 이러한 세부적인 항목을 리커트 5점 척도를 이용하여 외부영향요인을 측정하였다.

2) 호텔 그린마케팅의 내부영향요인

본 연구에서는 위의 연구자들의 이론적 배경을 근거로 호텔 그린마케팅의 내부영향요인을 최고 경영자의 환경민감성, 호텔환경 담당부서 및 담당자 유무, 호텔기업의 환경관리 수준으로 구성된다고 조작적 정의를 내렸고 이러한 세부적인 항목을 리커트 5점 척도를 이용하여 내부영향요인을 측정하였다.

3) 호텔 그린마케팅의 서비스 가치

본 연구에서는 호텔서비스에 대한 가치를 측정하기 위하여 호텔서비스의 가치를 논리 지향성, 행복지향성으로 구성된다고 정의를 내렸고 이러한 세부적인 항목을 리커트 5점 척도를 이용하여 측정하였다.

4) 호텔 그린마케팅의 서비스 질

본 연구에서는 호텔서비스의 질을 측정하기 위하여 호텔서비스의 질이 신뢰와 만족으로 구성된다고 정의를 내렸고 이러한 세부적인 항목을 리커트 5점 척도를 이용하여 측정하였다.

5) 그린마케팅을 지향하는 호텔에 대한 구매활동

본 연구에서는 그린마케팅을 지향하는 호텔에 대한 구매활동을 측정하기 위하여 호텔을 이용한 고객의 추천 여부와 재방문 여부로 구성된다고 정의를 내렸고 이러한 세부적인 항목을 리커트 5점 척도를 이용하여 측정하였다. 본 연구에서 재방문 여부는 향후 현재와 같은 용도로 호텔을 이용하게 될 경우, 현재 이용하는 호텔을 특정한 사유가 없는 한 다른 호텔로 변경하지 않고 계속적인 방문을 하려는 의도라고 정의한다. 추천 여부는 고객이 현재 이용하는 호텔이나 서비스 종사원 혹은 서비스에 만족과 신뢰를 느껴 주위 사람에게 해당 호텔을 긍정적으로 평가하거나 앞으로 이용할 것을 구두로 권유하려는 의도라고 정의한다.

## 2. 연구가설의 설정

본 연구 그린마케팅의 영향요인들이 호텔서비스의 질과 가치에 어떤 영향을 미쳐서 호텔소비자가 구매를 결정하게 되는가를 분석하기 위하여 선행연구를 통한 이론적 바탕 위에서 설정된 연구모형에 따라 연구의 가설관계를 설정하고자 한다.

### 1) 호텔 그린마케팅의 외부영향요인과 내부영향요인과의 관계

호텔기업의 외부영향요인은 조직활동에 제약과 불확실성을 제공함으로써 조직의 지속적인 발전과 생존에 영향을 미친다. 조직은 발전과 생존에 필요한 모든 자원을 내적으로 자급할 수 없기 때문에 필요한 자원 및 합법성을 제공받기 위해서는 외부환경과 지속적으로 교환관계를 유지해야 한다. 이러한 교환관계에서 외부환경은 조직에 어떤 행동을 요구하며, 이에 적절히 대응하지 못할 경우 호텔기업의 목표 및 성과달성에 치명적일 수 있다(Pfeffer J and Salancik, 1978).

정부의 법적규제는 환경당국이 특정한 문제와 관련하여 기준을 설정하고 호텔기업에게 이의 준수를 강제하는 것을 말한다.

그러므로 정부가 설정하는 환경규제 수준은 반드시 순응해야만 하는 강제적 규범 또는 압력으로 작용하고 있다(sharfman et al. 1997).

따라서 환경문제와 관련하여 호텔기업에 부과하는 법적규제의 강도는 환경규제 수준의 강도 혹은 엄격성으로 표출된다(Sharma 1995: Menon and Menon, 1997: oliver, 1997).

소비자는 호텔기업의 환경적 성과에 직접적인 이해 당사자이다. 이들은 환경보호 그 자체를 목표로 삼고 있지 않지만 그들의 욕구를 만족시킬 경우 더 환경친화적인 제품 및 서비스를 향유하려 한다. 즉 소비자는 더 높은 가격을 지불하고서라도 그린제품과 서비스를 기꺼이 구매하려한다는 것이다. 그렇기 때문에 제품의 환경친화성 및 안전성에 대한 소비자의 요구는 호텔기업으로 하여금 환경친화적 활동 즉, 그린마케팅을 수행하게 하는 압력으로 작용하고 있다.

소비자로부터 분출되는 환경압력의 정도는 소비자가 환경문제에 몰입하는 정도, 호텔의 환경친화적 행위 또는 환경친화적 시설 및 제품에 대한 소비자의 기대 또는 이해 등을 포괄하는 환경도덕성으로 나타난다(Ottman, 1992: Schuhwerk and Lefkoff-Hagius, 1995).

그린시장의 규모는 일반적으로 산업 내 구조와 경쟁정도로 요약된다. 기업의 발전과 생존을 위해서 경쟁기업들은 환경관련 프로그램을 개발하여 적극적으로 수행함으로써 시장 내에서 다른 기업으로부터 자사를 차별화 시키고 있다. 시장 내에서 경쟁기업들의 차별화된 그린마케팅의 수행에 의해 동종업계의 기업들은 발전과 생존에 대한 영향을 받는다. 그 결과 기업들은 경쟁적으로 보다 적극적인 그린마케팅 활동을 수행한다(Dresden, 1999). 이러한 산업 내 그린시장규모는 차별화된 그린마케팅 활동을 통해 경쟁우위를 확보하기 위한 기업 간의 경쟁정도 또는 범위를 의미한다.

본 연구에서는 위의 연구자들의 이론적 배경을 근거로 호텔 그린마케팅의 외부영향요인은 법적규제, 소비자의 환경민감성, 그린시장의 규모로 구성되고, 그러한 호텔 그린마케팅의 외부영향요인은 내부영향요인에 유의적인 영향을 미치는 것으로 다음과 같이 가정하였다.

가설 1: 호텔 그린마케팅의 외부영향요인은 내부영향요인에 긍정적인 영향을 미칠 것이다.

2) 호텔 그린마케팅의 외부영향요인과 호텔서비스 가치와의 관계

환경규제가 지속적으로 강화되는 상황에서 기업은 성과를 제고시키기 위해서 정부의 법적규제를 충족시킬 수 있는 자체의 환경수준을 설정하고 더 적극적인 그린마케팅을 실시할 것이다.(Shrvas- tava, 1995: Florida, 1996: Hettigue et al, 1996: Oliver, 1997).

고객의 가치 및 요구는 기업의 행위와 전략수행에 중요한 의미를 주기 때문에 고객의 환경민감성은 기업에게 그린마케팅을 수행하도록 요구하는 압력요인이 된다(Hunt and Auster, 1990: Roome, 1992: Henriques and Sardorsky, 1999).

그린시장의 규모는 환경이 제공하는 기회에 대해 의사결정자들이 어떻게 인식하는가에 영향을 미친다(Day and Nedurgad; 1994:

Bonifan et al, 1995: Steger, 1993: Menon and Menon, 1997: Dresden, 1999).

한편 김동율·방봉혁(1999), 김경훈·방봉혁·김동율(2000)은 환경기업마케팅 전략의 외부환경요인, 내부환경요인, 마케팅전략성과, 핵심가치의 관계에 관해 연구하였는데 이들은 환경관련 법적 규제와 소비자의 환경민감성 등과 같은 기업의 외부환경요인의 수준이 높을수록 환경기업의 핵심가치인 사회적 책임과 기업가정신이 높아진다고 하였다.

그리고 서비스 가치에 대한 연구는 서비스 품질·소비자만족·구매의도와 관련하여 각 관련 개념들 간의 인과관계 혹은 관련성을 규명하려는 데 중점을 두고 연구되었다.

일반적 의미에서 가치(value)는 사람들이 제품이나 서비스를 통해 기대하는 이익이나 혜택으로 파악된다. 이것은 소비자들이 그들의 구매를 결정하는 데 있어서 오히려 가격보다 더 중요하게 작용된다.

특히 가치는 구매의도와 서비스 품질에 대한 인식 또한 그것을 위해들인 희생들 사이의 관계 파악에 있어 핵심 구조로 작용한다.

즉, 가치는 소비자가 서비스를 통해 얻는 것(get)과 그것을 위해 제공하는 것(give) 사이의 상대적 교호관계(trade-off)로 파악되며, 소비자는 가격보다 상위의 개념인 가치에 근거하여 구매결정을 한다.

가치의 평가과정에는 개인의 주관적인 견해나 상황이 크게 작용하는 것을 알 수 있다. 즉, 하나의 서비스를 동시에 이용하더라도 개인에 따라서 가치의 크기는 다르게 평가되어질 수 있다.

서비스 가치의 개념이 지각된 제품가치의 개념과 유사하다면

Zeithaml(1988)의 서비스 가치의 연구는 서비스를 이용함으로써 얻어지는 효과와 이익을 얻기 위해 투자한 비용에 대한 고객평가 사이의 거래관계를 수반하는 것으로 고려될 수 있음을 시사한다.

Zeithaml(1988)의 탐험적 연구에 따르는 가치는 크게 네 가지로 정의된다. 첫째, '가치는 낮은 가격(value is low price)'으로서 소비자의 서비스 구매 시 포기해야 하는 것에 중점을 두는 개념이다. 둘째, '가치는 서비스에서 얻고자 하는 것 전부(value is whatever I want in a service)'로서 소비자가 서비스의 구매에서 얻는 이익에 초점을 맞춘 개념이다. 셋째, '가치는 지불한 가격에 대해 얻은 품질(value is the quality I get for the price I pay)'로서 소비자가 자신이 지불한 것(give)과 얻은 것(get) 사이의 교호관계로 개념화한 것이다. 네 번째, '가치는 준 것에 대해 얻는 것(value is what I get for what I give)'으로서 소비자가 지불한 요소를 단순히 금전적 요소에 한정하지 않고 시간·노력 등의 모든 것을 고려하여 얻게 되는 것 전부라는 것이다.

서비스 가치를 양의 효용인 지각된 화폐적(비화폐적) 가치와 음의 효용인 지각된 희생으로 구분했을 때 소비자들이 화폐적·비화폐적 단서가 공정하고 수용할만하다고 지각할수록 서비스 가치를 높게 평가하고, 시간 소비, 육체적·정신적 부담을 낮게 지각할수록 서비스 가치를 높게 평가한다고 할 수 있다(조선배, 1998).

본 연구에서는 위의 연구자들의 이론적 배경을 근거로 호텔 그린마케팅의 외부영향요인은 법적규제, 소비자의 환경민감성, 그린시장의 규모로 구성되고, 그러한 호텔 그린마케팅의 외부영향요인은 서비스의 가치에 유의적인 영향을 미치는 것으로 다음과 같이 가정하였다.

가설 2: 호텔 그린마케팅의 외부영향요인은 호텔서비스의 가
치에 긍정적인 영향을 미칠 것이다.

3) 호텔 그린마케팅의 외부영향요인과 호텔서비스 질과의 관계

전술한 바와 같이 기업의 외부영향요인은 정부의 법적규제 소비
자의 환경민감성, 그린시장의 규모로 구성되고, 정부의 법적규제는
Shrivastave(1995), Lanjouw and Mody(1993), Florida (1996),
Hettigue(1996), Oliver(1997)의 연구와 Hunt & Auster(1990),
Roome(1992), Dresden(1999), Henrigues & Sardorsky(1999)의 소
비자의 환경민감성에 대한 연구, Day & Nedungadi(1994),
Bonifau(1995), Steger(1993), Menon & Menon(1997), Dresden(1999)의
그린시장 규모에 대한 연구가 제시되었다.

한편 김경훈·방봉혁·김동율(2000), 김동율·방봉혁(1999), 최
병용(1999), 노정구(1997)는 그린마케팅을 기업측면에서 연구하였
는데 특히 최병용은 그린마케팅 성공을 위해서는 기업의 내적조
건과 외적 환경조건의 시장기회분석과 소비자의 그린의식, 그린행
동조사를 통한 표적시장 선정을 통해 그린개념을 기초로 한 마케
팅 전략을 적용함으로써 회사의 이미지 제고와 경쟁력강화·소비
자만족을 증대할 수 있다고 하였다.

그리고 서비스 품질은 소비자의 주관적 판단기준과 연구자의 관
점에 따라 달리 분류될 수 있다. U. Lehtinen & J. Lehtinen(1982)
은 3차원의 품질, 2차원의 품질로 구분하고 Grönroos(1983, 1984)는
기능적 품질과 기술적 품질로 분류하였으며, 또 다른 연구에서 지
각된 서비스의 영향요인을 제시하면서 물리적, 기술적 자원을 서비

스의 수행과 고객과의 의사소통을 위하여 기업이 보유하고 있는 시설·장비·도구 등과 이것을 운용하는 지식이나 기술로 정의했다.

또한 이성호(1995)는 호텔기업의 서비스 품질평가 과정에서 물적 서비스 품질은 인적 서비스 품질과 마찬가지로 중요한 부분이라고 하면서 호텔기업의 물적 서비스 품질은 물리적·유형적 측면을 말하는 것으로 건물과 디자인, 건물의 외부속성, 분위기, 시각적 요소, 청각적 요소, 촉감, 위치, 제품의 성격과 질 등이라고 하였다.

한편, 소비자의 서비스 지각에 대하여 영향을 미치는 요인에 대해서는 Parasuraman, Zeithml and Berry(1985)가 연구하였는데 결과적으로 서비스 지각에 대한 차원은 10개가 있음을 확인하였다. 그런데 이들은 서비스 품질 차원을 외부적 요인의 관점에서만 보지 않고 서비스 기업 내부의 구조적 관점에서도 봄으로서 서비스 품질을 보다 광범위한 차원에서 분석하였으며, Knutson et al,(1991)의 연구에서는 신뢰성, 보증, 반응성, 유형성, 감정이입으로 분류하여 다섯 차원으로 제시하였다.

본 연구에서는 위의 연구자들의 이론적 배경을 근거로 호텔 그린마케팅의 외부영향요인은 법적규제, 소비자의 환경민감성, 그린시장의 규모로 구성되고, 그러한 호텔 그린마케팅의 외부영향요인은 호텔서비스의 질에 유의적인 영향을 미치는 것으로 다음과 같이 가정하였다.


가설 3: 호텔 그린마케팅의 외부영향요인은 호텔서비스의 질에 긍정적인 영향을 미칠 것이다.

4) 호텔 그린마케팅의 내부영향요인과 호텔서비스 가치와의 관계

호텔 그린마케팅의 내부영향요인은 조직의 목표달성을 위해 조직 내에서 권력이 사용·분배·제한되는 권력시스템과 조직의 방향·활동범위·관리수준 등이다.

조직 내에서 권력을 많이 소유한 최고 경영자는 의사결정과정에서 가장 막강한 영향력을 행사함으로써 환경의 불확실성에 대처하는 데 무엇이 중요한 것인지 결정하며, 환경변화에 적극적인 대응방안을 모색한다(Wamsley & Zald, 1976).

환경문제에 대한 최고 경영자의 이념과 가치에 의해 환경친화적 문화가 조성되고 환경문제에 대한 기업전체의 대응방향을 결정한다. 따라서 최고 경영자의 환경민감성은 환경적으로 책임 있는 기업활동 및 마케팅활동에 영향을 미친다. 또한 환경문제와 관련한 기업 내 환경업무 담당자들의 가치와 영향력은 조직 내 다른 사람들의 가치·신념·행동에 영향을 미쳐, 조직 내의 환경친화적 활동의 협력을 촉진시킴으로써 그린마케팅에 영향을 미칠 수 있다. 이는 조직 구성원이 환경관리의 중요성을 인식하고 기업의 환경활동에 호응하는 관리수준과도 연관이 있다.

한편 소비행동과 관련하여 Peter & Olson(1990)은 가치를 소비자들이 달성하려는 가장 기본적이고 근본적인 욕구와 목표의 인지적 표현이라고 하였다. 즉, 가치는 소비자가 자신의 생애에서 달성하고자 하는 표현이란 기능적 혜택이나 사회 심리적 혜택보다 추상적이며 자기만족은 매우 주관적이고 무형적이며 상징적인 의미를 포함하는 경향이 있다고 하였다.

Rokeach(1973)는 가치를 추상적인 정도에 따라 수단 가치와 최

종가치로 구분하였다. 행복 혹은 지혜 같은 최종가치는 수단 가치보다 더 추상적인 목표의 표현이다. 이는 소비자가 인생에서 궁극적으로 달성하려는 지상의 목표를 나타낸다.

본 연구에서는 위의 연구자들의 이론적 배경을 근거로 호텔 그린마케팅의 내부영향요인은 최고 경영자의 환경민감성, 환경담당부서 유무, 환경관리수준으로 구성되고, 그러한 호텔 그린마케팅의 내부영향요인은 호텔서비스의 가치에 유의적인 영향을 미치는 것으로 다음과 같이 가정하였다.

가설 4: 호텔 그린마케팅의 내부영향요인은 호텔서비스의 가치에 긍정적인 영향을 미칠 것이다.

5) 호텔 그린마케팅의 내부영향요인과 호텔서비스 질과의 관계

최고 경영자의 가치와 신념, 전문적 지식이나 성향 등에서 나오는 개인의 마인드에 의해 리더십이 발휘되며, 이는 조직 구성원들이 최고 경영자의 견해와 관점을 공유하고 이행하려는 헌신성 등으로 나타나 바람직한 방향으로 변화와 혁신을 유도한다(Hall, 1991).

또한 환경변화에 대한 조직의 변화를 촉진시키기 위해서는 조직 내 구성원들의 호응이 있어야만 된다. 조직 구성원들의 호응 없이는 그린제품과 서비스의 생산이 쉽지 않고 소비자의 압력으로 인한 위험을 피할 수가 없다.

따라서 그린마케팅에 대한 조직의 변화는 그에 대한 호응 자들의 가치와 영향이 조직 내부에 얼마나 강하게 자리 잡고 있으며,

체계적으로 관리되고 있는가에 의존한다(Arndt, 1983: 노영화, 1997).

이는 조직의 설정된 목표를 달성하기 위해 과업을 세분화하고 세분된 과업을 조직화 하는 것과 관련될 뿐만 아니라 과업달성의 욕을 동기화시키기 위한 시스템과도 관련된다(Zald, 1970; Zald & Wamsley, 1973). 그 외 호텔서비스 품질에 관한 연구에서 인적 요소와 함께 물리적 환경요소를 많이 강조하고 있다.

Oberoi & Hales(1990)은 호텔서비스 품질 구성요소로서 시설, 케이터링, 가격 및 인적 서비스를 제시하였으며, Lewis(1985)도 호텔선택속성으로 서비스의 질, 시설환경, 건물외형, 상품가격, 안정성, 쾌적성 등을 들고 있다. 그리고 점포의 시설 및 점포환경은 서비스 평가를 하는 데 중요한 역할을 한다.

국내의 연구를 살펴보면 이유재·김우철(1998)은 미적 매력성, 시설의 청결성이 고객들의 시설평가에 중요한 요인이라 하였으며, 이수열(1995)은 호텔의 물적 환경요인으로서 조명·실내 환경(온도·습도 등), 배경음악 등을 제시하였다. 이렇게 호텔의 내부환경으로서 물리적 요인들은 고객의 서비스 품질지각에 영향을 주고 지각된 서비스 품질은 고객만족과 고객의 구매의도에 영향을 미친다.

본 연구에서는 위의 연구자들의 이론적 배경을 근거로 호텔 그린마케팅의 내부영향요인은 최고 경영자의 환경민감성, 환경담당부서 유무, 환경관리 수준으로 구성되고, 그러한 호텔 그린마케팅의 내부영향요인은 호텔서비스의 질에 유의적인 영향을 미치는 것으로 다음과 같이 가정하였다.

가설 5: 호텔 그린마케팅의 내부영향요인은 호텔서비스의 질
　　　　에 긍정적인 영향을 미칠 것이다.

6) 호텔서비스의 질과 서비스 가치와의 관계

서비스 품질은 서비스의 우수성 또는 전반적 훌륭함에 대한 소비
자의 평가로 정의되고 있다(Zeithaml, 1988). 서비스의 품질은 상대
적이지 절대적이지 않으며, 따라서 어떤 단일한 개념정의가 모든 이
에게 적용될 수는 없는 것이다. 그렇지만 Parasuraman, Zeithaml
and Berry는 서비스 품질이란 "서비스의 우수한 성과에 관련한 전
반적인 그들의 차이이론(Gap theory)에서 전반적 품질의 고객평가
가 고객의 사전기대와 실제 성과수준의 비교에 의해서 다섯 가지 차
원(유형성·신뢰성·반응성·보증성·공감성)으로 평가되며 계량
화 될 수 있다고 하였다. 또한 Grönroos(1984)는 서비스 품질을 '기
술적 품질'과 '기능적 품질'이 합쳐진 것이라고 하며 서비스 제공활
동에 있어서 기능적 품질이 중요하다고 하였다.

그리고 Baker(1987)는 품질을 상품품질·서비스 품질·점포품
질로 구분하여 환경과의 관련성을 설명하고 있다.

또한 만족(Satisfaction)에 대한 연구는 Oliver(1980)가 제시한 기
대-불일치 패러다임(expectation-disconfirmation para- digm)이 소
비자 만족·불만족의 한 과정으로 폭 넓게 적용되고 있다. 소비자들
은 제품을 구매하기 전에 사전기대를 하게 되고 제품을 구매한 후
사용에 의해 실제성과를 파악하여 만족·불만족을 판단한다는 것이
다. 이것은 고객만족이 서비스 품질에 우선한다는 이론이다.

한편 "서비스의 가치는 서비스를 얻기 위해서 필요로 한 희생

과 서비스로부터 얻어지는 지각된 효익을 소비자들이 비교하여 나타나는 것"으로 보았다(Kerin. A, Jain, R. A & Howard, D. J, 1992).

Rokeach(1973)는 수단적 가치와 최종적 가치로 구분하였으며 "개인적으로나 사회적으로 가장 이상적인 행동양식이나 존재상태에 대한 상위개념"으로 정의하였다.

본 연구에서는 위의 연구자들의 이론적 배경을 근거로 호텔서비스의 질은 신뢰와 만족으로 구성되고, 그러한 호텔서비스의 질은 호텔서비스의 가치에 유의적인 영향을 미치는 것으로 다음과 같이 가정하였다.

가설 6: 호텔서비스의 질은 호텔서비스의 가치에 긍정적인 영향을 미칠 것이다.

7) 호텔서비스 가치와 소비자의 구매결정과의 관계

Rokeach는 가치란 아주 특이한 종류의 단일 신념으로 특정한 대상들과 상황들에 대한 태도·판단·비교 및 행동을 안내하는 것이다. 대상이나 상황을 초월하는 바람직한 행동양식이나 목적상태들보다 선호되는 것을 나타내는 지속적인 신념이며 개인 자신에 의하여 사전에 규정되거나 공표된 신념이라고 정의하였다.

Rokeach는 개인 수준에서 가치를 체계적으로 연구하였는데 개인의 가치를 어떤 특정한 행동양식이나 존재의 목적상태가 다른 행동양식들이나 목적상태들보다 선호되는 지속적인 신념이라고 정의하고, 수단 가치와 최종가치로 구분하였다. 수단 가치는 독립심·유능성·책임감과 같이 목적 가치에 도달하기 위하여 개인이 선호하는 행동양식이다. 최종가치는 가정의 안녕·자유·행복과 같이 개인이 살아가면서 도달하려고 노력하는 존재의 목적상태라고 하였다.

Howard와 Woodside도 어떤 특정한 행동양식이 개인적으로나 사회적으로 선호된다는 지속적 신념을 행동적 가치(doing value), 어떤 특정한 존재의 목적상태가 개인적으로나 사회적으로 선호되는 지속적 신념을 존재적 가치(being value)라고 각각 정의하고, 이런 가치들은 선호위계를 유지하고 있다고 보았다.

가치를 분석하기 위하여 보편적으로 이용되고 있는 가치측정방법들은 RVS기법(Rokeach Value Survey), VALS기법(Values and Life Style), LOV기법(List of Values) 등을 꼽을 수 있다.

많은 연구결과 서비스 가치가 구매행동에 보다 많은 영향력이 있다고 제시하고 있다. Dodds(1991)는 서비스 품질평가와 관련하여 가격과 점포명이 미치는 영향에 관한 연구에서 행위의도에 가장 많은 영향을 미치는 것을 서비스 가치라고 하였다.

이 연구에서 지각된 품질과 지각된 비용이 지각된 서비스 가치를 형성하고 지각된 서비스 가치가 행위의도에 가장 많은 영향을 미친다고 보았다. 따라서 행위의도가 형성되는 전체조건은 지각된 서비스 가치의 형성 여부이며, 지각된 서비스 가치 형성에 따라서 행위의도가 형성되는 것으로 볼 수 있다.

Szybillo & Jacoby는 지각된 서비스 품질과 지각된 가치, 그리고 행위의도 사이의 관계에서 지각된 서비스 품질보다는 지각된 가치가 구매와의 강한 상관관계에 있음을 가설화 하였으며, Jacoby & Olson(1985)은 지각된 가치가 지각된 서비스 품질보다 행위의도의 더 좋은 예측치가 될 수 있다고 하였다.

　이것은 지각된 서비스 품질이 지각된 가치와 행위의도의 관계에서 지각된 가치보다 행위의도에 좋은 예측치가 되지는 못하지만 직접적인 인과관계가 형성되고 있음을 시사하는 것으로, Dodds의 연구결과를 통해 지각된 서비스 품질이 지각된 가치를 매개하지 않고도 행위의도에 직접적인 관계가 형성되고 있음을 확인하였다.

　Rust R T.(1996)은 인지된 서비스 가치를 구매와 재구매를 결정하는 요인으로 평가하였다. 이들은 서비스 가치가 품질이나 가격과 높은 상관관계에 있기 때문에 서비스 품질을 이상적으로 평가하면 서비스 가치도 높다고 주장하였다. 그러나 가격이 높으면 서비스 가치가 하락함으로서 서비스 가치를 가격에 대한 상대어로 평가하여, 서비스 가치와 서비스 품질이 상반되는 경우가 있다는 점을 지적하였다.

　서비스 가치는 서비스를 얻는 편익에 대한 고객의 지각과 서비스를 구입하는 비용 간에는 부(−)의 상관관계가 있다는 것이다. 이를 경제학적인 관점에서 효용이론과 결합하여 보면, 서비스 품질이 증가하면 효용은 증가하고 가격이 증가하면 효용은 감소하는 것으로 볼 수 있다. 따라서 '가치=품질의 효용−가격의 비효용'의 공식이 제안될 수 있다.

　Randall & Senior는 가격보다 서비스 가치가 고객에게 타당한 개념으로 받아들여진다고 보았다. 이들은 비가격적 비용인 시간과 심리적인 비용까지를 포함한 개념이 서비스 가치이기 때문에 고객의 행동을 설명하는 보다 적절한 개념을 서비스 가치로 설정하였다. 또한 고객은 금전적인 가격을 지불하고 비금전적인 비용을 줄이려 하거나, 같은 가격이면 보다 질 좋은 서비스를 원하게 되므로 고객행동을 설명하는 주요 개념은 서비스 가치임을 밝히고 있다.

본 연구에서는 위의 연구자들의 이론적 배경을 근거로 호텔서비스의 가치는 호텔소비자의 구매결정에 유의적인 영향을 미치는 것으로 다음과 같이 가정하였다.

> 가설 7: 호텔서비스의 가치는 호텔고객의 구매결정에 긍정적인 영향을 미칠 것이다.

### 8) 호텔서비스의 질과 소비자의 구매결정과의 관계

서비스 품질과 구매의도는 많은 연구를 통해서 직접적인 인과관계가 형성되고 있음이 밝혀지고 있다(Bitner 1990, Bolton & Drew 1991; Leblanc 1992; Parasuraman et al. 1988, 1991). 서비스 품질에 대한 고객의 평가가 좋거나 나쁨에 따라서 구매가능성이 커지거나 작아질 수 있음을 의미하는 것이다. Bitner는 좋은 물적 환경은 소비자만족을 높이고 소비자만족이 높을수록 서비스 품질에 대한 소비자태도가 좋게 형성되어 서비스의 구매가능성이 증가한다고 하였다.

지각된 서비스 품질과 서비스 만족 간의 인과관계에 대해서는 대립되는 견해가 제시되고 있다.

Bolton and Drew(1991)는 지각된 서비스 품질은 태도와 유사한 개념으로 특정한 거래시점에서의 평가를 통하여 고객만족이 형성되고 이러한 고객만족이 서비스 품질을 결정짓는다는 견해와는 대조적으로 Parasuraman, Zeithaml, and Berry(1988)는 지각된 서비스 품질 지각과 고객만족 그리고 구매의도 사이의 관계를 연구한 결과 고객만족은 서비스 품질과 구매의도 간을 연결하는 매개변수로 작용한다는 것을 주장하였다. 즉, 서비스 품질이 고객만족의 선행변수임을 실증적으로 입증하였다. 김재일, 이유재, 김주용(1996)은 서비스 품질을 10개의 차원으로 하여 국내 10개의 서비스업종에 대한 실증적인 실험을 통하여 서비스 품질이 고객만족에 영향을 준다고 하였다.

이처럼 서비스 품질과 소비자만족의 선행관계에 대한 많은 논란이 있음으로 논자는 다음과 같이 보고자 한다. 서비스 품질은 소비자 만족과 직접적인 인과관계가 있으며 소비자 만족이라는 매개변수에 의해서 구매의도에 간접적인 영향을 미치므로 구매의도와 인과관계가 있다고 본다.

본 연구에서는 위의 연구자들의 이론적 배경을 근거로 호텔서비스의 질은 호텔고객의 구매결정에 유의적인 영향을 미치는 것으로 다음과 같이 가정하였다.

가설 8: 호텔서비스의 질은 호텔고객의 구매결정에 긍정적인
영향을 미칠 것이다.

## 제3절 표본의 설계 및 분석방법

### 1. 조사표본의 설계

본 연구논문을 수행하기 위해 서울시내에 소재한 특급 호텔 17곳에서 2일 이상 숙박한 경험이 있는 고객을 표본으로 선정하였다. 자료 수집방법은 다음과 같다. 첫째, 일반적으로 호텔의 경우 특히, 특급 호텔은 호텔 내·외부의 특수한 상황을 제외하면 고객을 귀찮게 하는 경우는 거의 없다. 따라서 호텔 관계자에게 양해를 구한 후, 호텔 로비 및 각 업장에서 설문조사를 실시하였다. 둘째, 신뢰성 있고 타당성 높은 연구결과를 위하여 국내 소비자를 중심으로 설문조사를 실시하였다. 조사는 고객선별조건에 합당한[1] 고객과의 일대일 면접(face-to-face interview)을 원칙으로 사전에 교육받은 면접원에 의해 조사가 진행되었다.

조사 시기는 2004년 2월 9일부터 2004년 3월 8일까지이며 17개 호텔을 대상으로 500부의 설문지를 배포하여 총 461부를 회수하였고, 그중 분석에 적용할 수 없는 결측치를 제외한 나머지 399부를 본 연구의 실증분석에 적용하였다.

### 2. 변수의 조작적 정의

본 연구에서 사용된 설문지는 기존 문헌연구와 학계전문가, 호텔 마케팅담당자와 현장서비스 종사원등의 의견을 종합한 후, 앞에서

---

[1] 自國의 여행사를 통하여 서울에 소재한 특1급 호텔에 이틀 이상 숙박한 고객은 고객선별 조건에 합당한 고객이다.

기술한 연구가설을 기초로 하여 작성하였다. 설문지를 이용하는 가장 큰 이유는 모든 응답자들에게 동일한 내용을 동일한 방식으로 질문함으로써 측정도구의 변화에 따른 내적일관성을 유지하기 위함이고, 상대적인 결과의 비교가능성을 높이기 위함이다.

설문지는 리커트(Likert) 5점 척도를 이용하여 응답자들이 질문 문항에 쉽게 답할 수 있도록 하였다. 그 구성내용과 척도 등은 <표 3-1>과 같다.

<표 3-1>을 보면 첫째, 호텔 그린마케팅의 외부영향요인은 호텔에 대한 정부의 법적규제, 환경오염에 대한 소비자의 환경민감성, 그린시장의 규모로 분류하였다. 호텔에 대한 정부의 법적규제는 정부는 환경오염을 유발시키는 기업을 강력하게 규제해야 한다는 문항 외 3개 항목을 이용하여 측정하였고, 환경오염에 대한 소비자의 환경민감성은 환경오염 문제는 심각한 문제 중의 하나라는 문항 외 3개 항목을 이용하여 측정하였다. 그린시장의 규모는 호텔산업에서는 그린상품의 개발경쟁이 치열하다는 문항 외 2개 항목을 이용하여 측정하였다.

둘째, 호텔 그린마케팅의 내부영향요인은 최고 경영자의 환경민감성, 호텔환경 담당부서 및 담당자 유무, 호텔기업의 환경관리 수준으로 측정하였다. 호텔기업의 환경관리 수준은 6가지 항목을 이용하여 측정하였고, 최고 경영자의 환경민감성은 4가지 항목, 호텔환경 담당부서 및 담당자는 3가지 항목을 리커트 5점 척도를 이용하여 측정하였다.

셋째, 호텔의 서비스 가치는 서비스 제공에 적극적인 호텔을 선호함이란 항목 외에 5가지 항목을 리커트 5점 척도를 이용하여 측정하였다.

넷째, 호텔서비스의 질은 호텔은 고객관리에 최선을 다해야 한다는 항목 외에 4가지 항목을 리커트 5점 척도를 이용하여 측정하였다.

마지막으로, 그린마케팅을 지향하는 호텔에 대한 구매활동은 환경보전운동에 적극적으로 노력하는 호텔을 선호한다는 항목 외에 2가지 항목을 리커트 5점 척도를 이용하여 측정하였다. 이러한 내용을 간략하게 정리하면 <표 3-1>과 같다.

<표 3-1> 변수의 조작적 정의

| 요 인 명 | 조작적 정의 | 척도 |
|---|---|---|
| 호텔의 법적규제 | · 정부는 환경오염을 유발시키는 기업을 강력하게 규제해야 함<br>· 정부는 환경을 오염시키는 사람에게 더욱더 강한 제재를 가해야 함<br>· 정부는 공해방지시설에 과감히 투자하지 않는 호텔을 엄격하게 처벌해야 함<br>· 정부는 환경을 오염시키는 기업이나 조직명단을 공개해야 함 | 5점 척도 |
| 환경오염에 대한 소비자의 환경민감성 | · 환경오염 문제는 심각한 문제 중의 하나임<br>· 모든 소비자들은 자신이 구입한 제품이 환경에 어떠한 영향을 미치는지에 대하여 관심을 가져야 함<br>· 친구나 주위사람들에게 환경을 오염시키는 제품을 사용하지 않도록 적극 권장해야 함<br>· 비록 생활하는 데 불편함을 느끼더라도 환경을 오염시키는 기업의 제품은 구매하지 않아야 함 | 5점 척도 |
| 그린시장의 규모 | · 호텔산업에서는 그린상품의 개발경쟁이 치열함<br>· 호텔산업에서는 그린마케팅을 통한 기업 차별화 경쟁이 치열함<br>· 호텔산업에서는 그린마케팅에 대한 관심이 있어야 새로운 시장기회를 얻음 | 5점 척도 |

| 요 인 명 | 조작적 정의 | 척도 |
|---|---|---|
| 호텔기업의<br>환경관리<br>수준 | · 음식을 남기지 않은 고객에게 할인 혜택을 주는 호텔선호<br>· 일회용 크림, 설탕, 녹차, 홍차 대신에 용기에 담아 제공<br>  하는 것을 선호<br>· 호텔의 식음료 업장은 완전금연구역으로 해야 함<br>· 제품의 질이 떨어지더라도 샴푸, 린스, 비누 등을 재활용<br>  품으로 사용할 용의가 있음<br>· 제품의 질이 떨어지더라도 샴푸, 린스, 비누 등을 재활용<br>  품으로 사용할 용의가 있음<br>· 욕실 샤워기에서 나오는 물의 속도를 줄여야 함 | 5<br>점<br>척<br>도 |
| 경영자의<br>환경민감성 | · 호텔의 경영자는 환경문제에 많은 관심을 가져야 함<br>· 호텔의 경영자는 적극적인 환경관리를 해야 경쟁력을 강<br>  화시킬 수 있음<br>· 호텔의 경영자는 환경관리활동을 적극적으로 추진해야 함<br>· 호텔의 경영자는 호텔 종업원들에게 환경의식을 고취시켜야 함 | 5<br>점<br>척<br>도 |
| 호텔환경<br>담당부서 및<br>담당자 | · 호텔에서는 환경 부서를 두어야 함<br>· 호텔에서는 환경관리업무가 세분화되어 있어야 함<br>· 호텔에서는 환경관리활동에 관한 문서화된 규정을 두어야 함 | 5<br>점<br>척<br>도 |
| 호텔<br>서비스 가치 | · 서비스 제공에 적극적인 호텔을 선호함<br>· 사랑과 봉사심이 높은 호텔을 선호함<br>· 안락함을 주는 호텔을 선호함<br>· 안전을 보장해 주는 호텔을 선호함<br>· 편안함을 보장해 주는 호텔을 선호함<br>· 즐거움을 주는 호텔을 선호함 | 5<br>점<br>척<br>도 |
| 호텔<br>서비스 질 | · 호텔은 고객관리에 최선을 다해야 함<br>· 호텔과 종사원들은 고객에게 신뢰감을 주어야 함<br>· 호텔은 광고한 것을 제대로 시행해야 함<br>· 현재 이용하는 호텔이 다른 호텔보다 즐거워야 함<br>· 호텔은 고객에게 정직해야 함 | 5<br>점<br>척<br>도 |
| 그린마케팅을<br>지향하는<br>호텔에 대한<br>구매활동 | · 환경보전운동에 적극적으로 노력하는 호텔을 선호함<br>· 가격이 비싸더라도 환경보전에 앞장서는 호텔이라면 이<br>  용함<br>· 환경보호를 홍보하는 호텔을 이용함 | |

## 3. 자료 분석방법 및 절차

### 1) 신뢰성 및 타당성 분석방법

측정도구의 신뢰성을 분석하기 위해 내적 일관성(internal consistency reliability)을 대표하는 크론바하 알파(cronbach's alpha)계수를 이용한다. 요인분석을 통하여 요인 부하량이 유의하지 않은 측정항목을 제외한 각 요인들의 신뢰성분석을 위해 SPSS 11.0 통계패키지를 이용하여 각 요인들의 크론바하 알파계수를 계산한다.

신뢰성 검증 결과는 0.5 이상이면 유의한 결과로 볼 수 있다. 따라서 모든 독립변수의 신뢰성 검증결과 계수가 0.5 이상이면 본 연구의 실증분석을 위한 설문의 전체적인 신뢰도는 있다고 볼 수 있다. 또한, 본 연구에서는 연구결과의 실질적인 유효성을 높이고 연구모형의 설문항목에 대한 타당성 평가를 위하여 요인분석을 한다. 타당성(validity)이란 개발된 측정도구가 측정하고자 하는 개념이나 특성을 얼마나 정확히 측정하고 있는가를 분석하는 분석기법이라 할 수 있으며, 본 연구에서 개발된 설문항목이 논술한 개념이나 속성을 얼마나 잘 측정하고 있는가를 보여주는 것이라 할 수 있다. 이러한 타당성에는 내용타당성과 개념타당성이 있다. 내용타당성(content validity)은 측정도구를 구성하고 있는 항목들이 측정하고자 하는 개념들을 얼마나 잘 대표하는가를 나타내는 것이다. 이러한 관점에서 볼 때, 본 연구에서 개발된 요인들은 기존연구와 현실적인 유연성을 강조한 사전조사 과정을 통하여 어느 정도의 내적 타당성이 있는가에 대하여 밝혀내야 한다. 타당성은 일반적으로 사용되고 있는 개념타당성(construct validity)을 측정하였다. 이는 실제로 무엇을 측정하였고 또한 적절하게 측정되었는가를 나타내는 개념이다. 본 연구에서는 개념타당성을 획득하기 위하여 각 독립변수들의 요인분석을 실시한다. 신뢰도분석결과 변수들 중 요인적재량이(factor loading)이 0.5 이상인 값을 가진 요인들은 개념타당성이 있다고 말할 수 있다.

2) 실증분석방법

본 연구에서는 가설을 검증하기 위하여 다음과 같은 분석방법을 사용하였다. 첫째, 인구통계학적 변수에 기초된 각종 변수의 분포를 알아보기 위해 빈도분석(frequency analysis)을 사용한다. 본 연구모형에서 호텔 그린마케팅의 외부환경요인, 내부환경요인, 호텔서비스의 질 요인, 호텔서비스의 가치요인, 호텔소비자의 구매의도 요인 간의 관계를 규명하기 위한 설문항목의 신뢰성을 평가하기 위해 신뢰도분석(reliability analysis)을 사용하고, 독립변수를 구성하는 각 요인들에 대한 설문항목의 타당성을 평가하기 위하여 요인분석(factor analysis)을 사용한다. 또한, 독립변수의 집중타당성을 위하여 질문 항목들에 대해 상관관계 분석을 사용한다. 상관관계 분석은 변수의 종속관계나 독립관계에 관계없이 변수들 간의 상호관계의 정도를 파악하는 방법이다. 본 연구에서는 각 변수들 간의 관계의 의미를 분석하기 위하여 연구모형에서 제시된 변수 간의 관계를 검증하기 위하여 구조방정식 모형을 사용한다.

# 제4장 실증분석의 결과

## 제1절 표본의 인구통계학적 특성

표본의 일반적인 특성을 살펴보기 위하여 성별, 직업, 연령, 소득수준의 특성을 빈도분석을 실시하였으며 그 결과의 요약은 <표 4-1>과 같다.

<표 4-1> 표본의 인구통계학적 특성

| 인구통계학적 특성 | | 빈 도 | % |
|---|---|---|---|
| 성 별 | 남자 | 237 | 59.4 |
| | 여자 | 162 | 40.6 |
| | 합계 | 399 | 100 |
| 연 령 | 20대 미만 | 13 | 3.3 |
| | 20대 | 164 | 41.1 |
| | 30대 | 117 | 29.3 |
| | 40대 | 66 | 16.5 |
| | 50대 | 36 | 9.0 |
| | 60대 이상 | 3 | 0.8 |
| | 합계 | 399 | 100 |
| 직 업 | 학생 | 35 | 8.8 |
| | 연구직 | 28 | 7.0 |
| | 판매직 | 70 | 17.5 |
| | 생산직 | 24 | 6.0 |
| | 사무직 | 143 | 35.8 |
| | 교수 | 20 | 5.0 |
| | 기타 | 79 | 19.8 |
| | 합 계 | 399 | 100 |
| 소득수준 | 100만 원 미만 | 39 | 9.8 |
| | 100만 원 이상~200만 원 미만 | 186 | 46.6 |
| | 200만 원이상~300만 원미만 | 96 | 24.0 |
| | 300만 원이상~400만 원미만 | 42 | 10.5 |
| | 400만 원이상~500만 원미만 | 23 | 5.8 |
| | 500만 원 이상 | 13 | 3.3 |
| | 합 계 | 399 | 100 |

먼저 인구통계학적 특성을 보면 전체 응답자 수는 399명으로 본 연구논문에 타당성과 신뢰성 있는 결과를 도출할 수 있다고 판단된다.[2] 인구통계학적 특성 중 성별은 남성이 237명(60%), 여

---

[2] 본 연구의 실증분석 대상인 표본 수가 구조방정식을 분석하기 위한

성이 162명(40%)으로 남성이 여성보다 월등히 높은 비율을 보이고 있고 연령대는 20대 미만 13명(3.3%), 20대 164명(41.1%), 30대 117명(29.3%), 40대 66명(16.5%), 50대 36명(9%), 60대 이상 3명(0.8%)으로 20대가 가장 많고, 30대, 40대, 50대, 20대 미만, 60대 이상 순으로 나타났음을 알 수 있다. 직업형태에 따라 분류해 보면 학생 35명(8.8%), 연구직 28명(7.0%), 판매직 70명(17.5%), 생산직 24명(6.0%), 사무직 143명(35.8%), 교수 20명(5.0%), 기타 79명(19.8명)으로 사무직이 가장 많고 기타, 판매직, 학생, 연구직, 생산직, 교수직 순으로 나타났다. 소득수준에 따라 응답자를 분류해 보면 100만 원 미만 39명(9.8%), 100만 원 이상 200만 원 미만 186명(46.6%), 200만 원 이상 300만 원 미만 96명(24.0%), 300만 원 이상 400만 원 미만 42명(10.5%), 400만 원 이상 500만 원 미만 23명(5.8%), 500만 원 이상 13명(3.3%)으로 100만 원 이상 200만 원 미만이 가장 많고, 200만 원 이상 300만 원 미만, 300만 원 이상 400만 원 미만, 100만 원 미만, 400만 원 이상 500만 원 미만, 500만 원 이상 순으로 나타났다.

## 제2절 신뢰성과 타당성 분석

신뢰성 분석에 앞서, 각 요인에 해당하는 변수들에 대하여 정규분포 검정, 선형성, 그리고 등분산성 등을 검정하였다.

정규분포 검정을 위해서 Kolmogorov-Simirnov(K-S) 검정을 실

---

최소한의 표본 수인 200개를 초과하여 분석을 위한 표본 수는 충분하다고 할 수 있다(Hoetler 1983).

시한 결과, a=0.05에서 상관관계가 높은 것으로 밝혀졌다. 그리고 등분산성을 검정하기 위해서 Leven 검정을 실시하였다. Leven 검 정결과, 각 변수 간에 분산이 동일하다는 귀무가설이 0.05 유의수 준에서 모두 채택되었다.

본 연구의 구조방정식 모형(structural equation model)에 대한 실 증분석에 앞서 설문조사에 사용된 측정항목을 통해 가설검증에 적 합한 자료가 수집되었는지에 대한 탐색적 요인분석을 통하여 타당 성(validity)을 검증하였으며, 따라서 연구모델에 근거한 각각의 개 념들에 대해 조작적 정의에 기초한 내적일관성에 의한 신뢰성을 측 정하였다. 실증분석을 위한 척도들의 신뢰성을 분석하기 위하여 SPSS 11.0 통계패키지를 이용하여 상관관계분석 및 Cronbach a계 수를 이용하였다.

본 연구의 구성개념에 대하여 탐색적인 요인분석을 실시하였다. 요인 사이의 독립성을 가정하지 않는 사각회전(oblique)에 의한 요 인분석을 하였다. 이때 평가기준으로서 요인 적재값 0.3 이상, 요인 의 설명력(the variance extracted)은 0.5 이상을 설정하였다. 탐색 적 요인분석의 결과 논자가 의도한대로 모든 측정변수들이 조작적 정의를 내린 것과 동일하게 개별 요인에 수렴하여 타당성이 높다고 볼 수 있다. 또한 개별 요인에 대한 신뢰도 값을 표현하는 Cronbach $\alpha$값이 대부분 0.7을 초과하여 Nunnally(1978)가 제안하고 있는 일 반적 기준 0.7 이상으로서 측정변수들은 전반적으로 높은 내적일관 성을 가지고 있는 것으로 평가할 수 있으며, 척도들의 신뢰성은 모 두 인정된다고 할 수 있다. 신뢰성과 타당성 분석결과는 <표 4-2> 와 같다.

<표 4-2> 신뢰성 및 타당성 분석결과

| 요인명 | 조작적 정의 | 요인 부하량 | 신뢰도 계수 |
|---|---|---|---|
| 호텔의 법적규제 | · 정부는 환경오염을 유발시키는 기업을 강력하게 규제해야 함<br>· 정부는 환경을 오염시키는 사람에게 더욱더 강한 제재를 가해야 함<br>· 정부는 공해방지시설에 과감히 투자하지 않는 호텔을 엄격하게 처벌해야 함<br>· 정부는 환경을 오염시키는 기업이나 조직명단을 공개해야 함 | 0.884<br>0.910<br>0.878<br>0.848 | 0.902 |
| 환경오염에 대한 소비자의 환경민감성 | · 환경오염 문제는 심각한 문제 중의 하나임<br>· 모든 소비자들은 자신이 구입한 제품이 환경에 어떠한 영향을 미치는지에 대하여 관심을 가져야 함<br>· 친구나 주위사람들에게 환경을 오염시키는 제품을 사용하지 않도록 적극 권장해야 함<br>· 비록 생활하는 데 불편함을 느끼더라도 환경을 오염시키는 기업의 제품은 구매하지 않아야 함 | 0.833<br>0.886<br>0.882<br>0.864 | 0.889 |
| 그린시장의 규모 | · 호텔산업에서는 그린상품의 개발경쟁이 치열함<br>· 호텔산업에서는 그린마케팅을 통한 기업 차별화 경쟁이 치열함<br>· 호텔산업에서는 그린마케팅에 대한 관심이 있어야 새로운 시장기회를 얻음 | 0.891<br>0.918<br>0.852 | 0.864 |
| 호텔기업의 환경관리 수준 | · 음식을 남기지 않은 고객에게 할인 혜택을 주는 호텔선호<br>· 일회용 크림, 설탕, 녹차, 홍차 대신에 용기에 담아 제공하는 것을 선호<br>· 호텔의 식음료 업장은 완전금연구역으로 해야 함<br>· 제품의 질이 떨어지더라도 샴푸, 린스, 비누 등을 재활용품으로 사용할 용의가 있음<br>· 제품의 질이 떨어지더라도 샴푸, 린스, 비누 등을 재활용품으로 사용할 용의가 있음<br>· 욕실 샤워기에서 나오는 물의 속도를 줄여야 함 | 0.695<br>0.737<br>0.753<br>0.723<br>0.683<br>0.796 | 0.765 |
| 경영자의 환경민감성 | · 호텔의 경영자는 환경문제에 많은 관심을 가져야 함<br>· 호텔의 경영자는 적극적인 환경관리를 해야 경쟁력을 강화시킬 수 있음<br>· 호텔의 경영자는 환경관리활동을 적극적으로 추진해야 함<br>· 호텔의 경영자는 호텔 종업원들에게 환경의식을 고취시켜야 함 | 0.890<br>0.894<br>0.915<br>0.878 | 0.916 |

| 요인명 | 조작적 정의 | 요인부<br>하량 | 신뢰도<br>계수 |
|---|---|---|---|
| 호텔환경<br>담당부서 및<br>담당자 | · 호텔에서는 환경 부서를 두어야 함<br>· 호텔에서는 환경관리업무가 세분화되어 있어야 함<br>· 호텔에서는 환경관리활동에 관한 문서화된 규정을<br>두어야 함 | 0.894<br>0.914<br>0.893 | 0.883 |
| 호텔<br>서비스 가치 | · 서비스 제공에 적극적인 호텔을 선호함<br>· 사랑과 봉사심이 높은 호텔을 선호함<br>· 안락함을 주는 호텔을 선호함<br>· 안전을 보장해 주는 호텔을 선호함<br>· 편안함을 보장해 주는 호텔을 선호함<br>· 즐거움을 주는 호텔을 선호함 | 0.829<br>0.856<br>0.883<br>0.860<br>0.866<br>0.772 | 0.919 |
| 호텔<br>서비스 질 | · 호텔은 고객관리에 최선을 다해야 함<br>· 호텔과 종사원들은 고객에게 신뢰감을 주어야 함<br>· 호텔은 광고한 것을 제대로 시행해야 함<br>· 현재 이용하는 호텔이 다른 호텔보다 즐거워야 함<br>· 호텔은 고객에게 정직해야 함 | 0.876<br>0.925<br>0.914<br>0.816<br>0.903 | 0.913 |
| 그린마케팅을<br>지향하는<br>호텔에 대한<br>구매활동 | · 환경보전운동에 적극 노력하는 호텔을 선호함<br>· 가격이 비싸더라도 환경보전에 앞장서는 호텔이라<br>면 이용함<br>· 환경보호를 홍보하는 호텔을 이용함 | 0.832<br>0.843<br>0.891 | 0.815 |

한편, 본 연구모델을 구성하고 있는 제반 잠재변수(latent variable)
들에 대한 집중타당성(convergent validity)을 평가하기 위하여 확인
적 요인분석(confirmatory factor analysis)을 AMOS를 이용하여 실
시한 결과 NFI: 0.980, RFI: 0.974, IFI: 0.986.

TCI: 0.981, CFI: 0.986과 같다. 외생변수들에 대한 확인적 요인
분석결과는 요인 적재치가 높게 나타났을 뿐만 아니라 모델의 적
합도 판단기준 지수들이 일반적 기준을 충족하고 있어 외생변수
들의 척도들은 집중타당성을 보이고 있다고 평가할 수 있다.

# 제3절 연구가설의 검증

본 연구에서는 연구모델에서 제시된 제개념들(latent constructs) 간의 구조적 관계를 검증하는 데 초점을 두고 있으므로 공변량 구조분석을 통해 이들 개념들 간의 관계를 검증하는 데 유용한 AMOS(Analysis of Moment Structure)를 이용했다.

AMOS는 분석 모형설계에 회귀분석 또는 요인분석보다 복잡한 분석이 요구될 때 사용되는 구조방정식 모형으로 가설을 검정하는 데 유용하다.

본 연구에서 그린마케팅의 영향요인들이 호텔서비스의 질과 가치에 어떤 영향을 미쳐 호텔소비자가 구매를 결정하게 되는가를 분석하기 위하여 연구모형에 따라 설정된 8가지 가설을 검증한다.

## 1. 가설 1의 검증

첫 번째 가설에서는 호텔 그린마케팅의 외부영향요인이 호텔 그린마케팅의 내부영향요인에 어떠한 영향을 미치는가를 알아보기 위하여 호텔 그린마케팅의 외부영향요인을 독립변수로 호텔 그린마케팅의 내부영향요인은 종속변수로 하여 구조방정식 모형을 이용하였다.

호텔 그린마케팅의 외부영향요인은 법적규제, 소비자의 환경민감성, 그린시장의 규모로 구성되고, 그러한 호텔 그린마케팅의 외부영향요인은 내부영향요인에 긍정적인 영향을 미친다고 가정한 연구가설 1의 분석결과 경로계수는 0.79 값(t값 26.02)으로 양(+)

의 값으로 나타났다. 또한 유의확률 값이 0.000으로 유의수준 0.05
보다 작기 때문에 호텔 그린마케팅의 외부영향요인이 호텔 그린
마케팅의 내부영향요인에 긍정적인 영향을 미칠 것 이라는 가정
은 통계적으로 유의하여 연구가설이 채택되었다. 따라서 호텔 그
린마케팅의 외부영향요인은 내부영향요인에 긍정적인 영향을 미
친다.

## 2. 가설 2의 검증

두 번째 가설에서는 호텔 그린마케팅의 외부영향요인이 호텔서
비스 가치의 요인 간에 어떠한 관계가 있는가를 알아보기 위하여
호텔 그린마케팅의 외부영향요인을 독립변수로 호텔서비스의 가
치요인을 종속변수로 하여 구조방정식 모형을 이용하였다.

호텔 그린마케팅의 외부영향요인은 법적규제, 소비자의 환경민
감성, 그린시장의 규모로 구성되고, 그러한 호텔 그린마케팅의 외
부영향요인은 호텔서비스의 가치에 긍정적인 영향을 미친다고 가
정한 연구가설 2의 분석결과 경로계수는 0.32 값(t값 4.28)으로 양
(+)의 값으로 나타났다. 또한 유의확률 값이 0.000으로 유의수준
0.05보다 작기 때문에 호텔 그린마케팅의 외부영향요인이 호텔서
비스의 가치요인에 긍정적인 영향을 미칠 것이라는 가설은 통계
적으로 유의하여 연구가설이 채택되었다. 따라서 호텔 그린마케팅
의 외부영향요인은 호텔서비스의 가치에 긍정적인 영향을 미친다.

## 3. 가설 3의 검증

세 번째 가설에서는 호텔 그린마케팅의 외부영향요인과 호텔서비스 질 요인 간에 어떠한 관계가 있는가를 알아보기 위하여 호텔 그린마케팅의 외부영향요인을 독립변수로 호텔서비스의 질 요인을 종속변수로 하여 구조방정식 모형을 이용하였다.

호텔 그린마케팅의 외부영향요인은 법적규제, 소비자의 환경민감성, 그린시장의 규모로 구성되고, 그러한 호텔 그린마케팅의 외부영향요인은 호텔서비스의 질에 긍정적인 영향을 미친다고 가정한 연구가설 3의 분석결과 경로계수는 0.34(t값 5.71)로 양(+)의 값으로 나타났다. 또한 유의확률 값이 0.000으로 유의수준 0.05보다 작기 때문에 호텔 그린마케팅의 외부영향요인이 호텔서비스 질에 긍정적인 영향을 미칠 것이라는 가설은 통계적으로 유의하여 연구가설이 채택되었다. 따라서 호텔 그린마케팅의 외부영향요인은 서비스의 질에 긍정적인 영향을 미친다.

## 4. 가설 4의 검증

네 번째 가설에서는 호텔 그린마케팅의 내부영향요인과 호텔서비스 가치요인 간에 어떠한 관계가 있는가를 알아보기 위하여 호텔 그린마케팅의 내부영향요인을 독립변수로 호텔서비스 가치요인을 종속변수로 하여 구조방정식 모형을 이용하였다.

호텔 그린마케팅의 내부영향요인은 최고 경영자의 환경민감성, 환경담당부서 유무 환경관리수준으로 구성되고, 그러한 호텔 그린마케팅의 내부영향요인은 호텔서비스의 가치에 긍정적인 영향을 미친다고 가정한 연구가설 4의 분석결과 경로계수는 0.14 값(t값 1.82)으로 양(+)의 값으로 나타났다. 그러나 유의확률 값이 유의수 준 0.05에서 통계적으로 유의하지 않기 때문에 호텔 그린마케팅의 내부영향요인이 호텔서비스 가치에 긍정적인 영향을 미칠 것이라 는 가설은 기각됐다. 그러나 본 연구가설은 유의수준 0.05 수준일 경우에는 통계적으로 유의하지 않은 결과가 나타나 영향을 미치지 않지만, 유의수준이 0.1 수준일 경우에는 통계적으로 유의한 결과가 나타나기 때문에 연구가설 4가 기각된다고 단정하기는 어렵다. 따 라서 호텔 그린마케팅의 내부영향요인은 유의수준 0.1 수준에서는 서비스의 가치에 긍정적인 영향을 미친다고 할 수 있다.

## 5. 가설 5의 검증

다섯 번째 가설에서는 호텔 그린마케팅의 내부영향요인과 호텔 서비스 질 요인 간에 어떠한 관계가 있는가를 알아보기 위하여 호텔 그린마케팅의 내부영향요인을 독립변수로 호텔서비스의 질 을 종속변수로 하여 구조방정식 모형을 이용하였다.

호텔 그린마케팅의 내부영향요인은 최고 경영자의 환경민감성, 환경담당부서 유무 환경관리수준으로 구성되고, 그러한 호텔 그린 마케팅의 내부영향요인은 호텔서비스의 가치에 긍정적인 영향을 미친다고 가정한 연구가설 5의 분석결과 경로계수는 0.04 값(t값 0.70)으로 양(+)의 값으로 나타났다. 그러나 유의확률 값이 0.484 로 유의수준 0.05보다 크기 때문에 호텔 그린마케팅의 내부영향요 인이 호텔서비스 질에 긍정적인 영향을 미칠 것이라는 가설은 통 계적으로 유의하지 않아 가설이 기각됐다. 따라서 호텔 그린마케

팅의 내부영향요인은 서비스의 질에 긍정적인 영향을 미친다고
할 수 없다.

## 6. 가설 6의 검증

여섯 번째 가설에서는 호텔서비스 질의 요인과 호텔서비스 가
치의 요인 간에 어떠한 관계가 있는가를 알아보기 위하여 호텔서
비스 질의 요인을 독립변수로 호텔서비스의 가치의 요인을 종속
변수로 하여 구조방정식 모형을 이용하였다.

호텔서비스 질의 요인은 호텔서비스의 가치에 긍정적인 영향을
미친다고 가정한 연구가설 6의 분석결과 경로계수는 0.47 값(t값
12.03)으로 양(+)의 값으로 나타났다. 또한 유의확률 값이 0.000
으로 유의수준 0.05보다 작기 때문에 호텔서비스 질 요인이 호텔
서비스 가치에 긍정적인 영향을 미칠 것이라는 가설은 통계적으
로 유의하여 연구가설이 채택되었다. 따라서 호텔서비스의 질은
호텔서비스 가치에 긍정적인 영향을 미친다.

## 7. 가설 7의 검증

일곱 번째 가설에서는 호텔서비스 가치요인과 소비자의 구매결
정 요인 간에 어떠한 관계가 있는가를 알아보기 위하여 호텔서비
스 가치요인을 독립변수로 소비자의 구매결정 요인을 종속변수로
하여 구조방정식 모형을 이용하였다.

호텔서비스 가치의 요인은 그린마케팅을 지향하는 호텔에 대한
구매활동 요인에 긍정적인 영향을 미친다고 가정한 연구가설 7의

분석결과 경로계수는 0.27 값(t값 2.66)으로 양(+)의 값으로 나타났다. 또한 유의확률 값이 0.008로 유의수준 0.05보다 작기 때문에 호텔서비스 가치요인이 그린마케팅을 지향하는 호텔에 대한 구매활동에 긍정적인 영향을 미칠 것이라는 연구가설이 채택되었다. 따라서 호텔서비스 가치는 그린마케팅을 지향하는 호텔에 대한 구매활동에 긍정적인 영향을 미친다.

## 8. 가설 8의 검증

여덟 번째 가설에서는 호텔서비스 질 요인과 소비자의 구매결정 요인 간에 어떠한 관계가 있는가를 알아보기 위하여 호텔서비스 질 요인을 독립변수로 소비자의 구매결정 요인을 종속변수로 하여 구조방정식 모형을 이용하였다.

호텔서비스 질의 요인은 그린마케팅을 지향하는 호텔에 대한 구매활동 요인에 긍정적인 영향을 미친다고 가정한 연구가설 8의 분석결과 경로계수는 0.16 값(t값 4.66)으로 양(+)의 값으로 나타났다. 또한 유의확률 값이 0.000으로 유의수준 0.05보다 작기 때문에 호텔서비스 질이 그린마케팅을 지향하는 호텔에 대한 구매활동에 긍정적인 영향을 미칠 것이라는 연구가설이 채택되었다. 따라서 호텔서비스 질이 그린마케팅을 지향하는 호텔에 대한 구매활동에 긍정적인 영향을 미친다.

# 제4절 연구가설의 검증결과 및 요약

제개념들 간의 구조적 관계를 나타내는 전체모형에 대한 적합도 검증결과, 이 모델은 구조방정식에서 일반적인 평가기준을 삼는 지표들과 비교할 때, Chi-square=785.319 df=163, p-value=0.000 값으로 비록 $x^2$값에 대한 p값은 기준을 충족시키지 않으나, NFI: 0.974, RFI: 0.966, IFI: 0.979, TCI: 0.973, CFI: 0.979 값이 0.9 이상으로 높기 때문에 전체적으로 모델의 적합도는 받아들여 질 수 있는 것으로 판단된다. 본 연구의 모델 검증결과는 <그림 4-1>, 그리고 <표 4-3>과 같다.

<그림 4-1> 연구모델의 검증결과

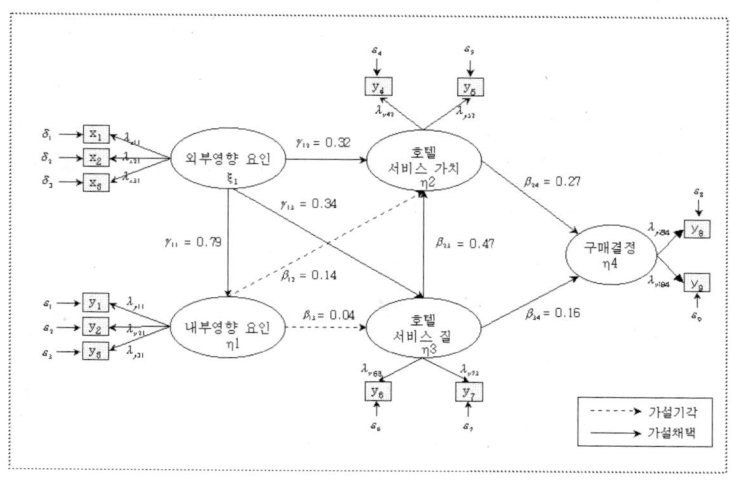

&lt;표 4-3&gt; 연구가설 분석결과

| 연구가설 | 경로계수 | t 값 | P-value | 검정결과 |
|---|---|---|---|---|
| H1: 외부영향요인→내부영향요인 | 0.79 | 26.02 | 0.000a | 채택 |
| H2: 외부영향요인→호텔서비스 가치 | 0.32 | 4.28 | 0.000a | 채택 |
| H3: 외부영향요인→호텔서비스 질 | 0.34 | 5.71 | 0.000a | 채택 |
| H4: 내부영향요인→호텔서비스 가치 | 0.14 | 1.82 | 0.069a | 기각 |
| H5: 내부영향요인→호텔서비스 질 | 0.04 | 0.70 | 0.484a | 기각 |
| H6: 호텔서비스 질 →호텔서비스 가치 | 0.47 | 12.03 | 0.000a | 채택 |
| H7: 호텔서비스 가치→구매결정 | 0.27 | 2.66 | 0.008a | 채택 |
| H8: 호텔서비스 질→구매결정 | 0.16 | 4.46 | 0.000a | 채택 |
| Normed fit index: 0.942, Incremental fit index: 0.943, Comparative fit index: 0.942 | | | | |

㈜ t값의 절대값이 2.0보다 크면 통계적으로 유의함.  ap<0.01 수준에서 유의함.

본 연구에서는 첫째, 호텔 그린마케팅의 외부영향요인과 내부영향요인과의 관계를 분석한 결과 연구가설 1의 경로계수는 0.79 값으로 양(+)의 값으로 나타났다. 또한 유의확률 값이 유의수준 0.05에서 통계적으로 유의하기 때문에 연구가설이 채택되었다. 따라서 호텔 그린마케팅의 외부영향요인은 내부영향요인에 긍정적인 영향을 미친다고 할 수 있다.

둘째, 호텔 그린마케팅의 외부영향요인과 호텔서비스 가치와의 관계를 분석한 결과 연구가설 2의 경로계수는 0.32 값으로 양(+)의 값으로 나타났다. 또한 유의확률 값이 유의수준 0.05에서 통계적으로 유의하기 때문에 연구가설이 채택되었다. 따라서 호텔 그린마케팅의 외부영향요인은 서비스의 가치에 긍정적인 영향을 미친다고 할 수 있다.

셋째, 호텔 그린마케팅의 외부영향요인과 호텔서비스 질과의 관계를 분석한 결과 연구가설 3의 경로계수는 0.34 값으로 양(+)의 값으로 나타났다. 또한 유의확률 값이 유의수준 0.05에서 통계적으로 유의하기 때문에 연구가설이 채택되었다. 따라서 호텔 그린마케팅의 외부영향요인은 호텔서비스의 질에 긍정적인 영향을 미친다고 할 수 있다.

넷째, 호텔 그린마케팅의 내부영향요인과 호텔서비스 가치와의 관계를 분석한 결과 연구가설 4의 경로계수는 0.14 값으로 양(+)의 값으로 나타났지만 유의확률 값이 유의수준 0.05에서 통계적으로 유의하지 않기 때문에 연구가설이 기각되었다. 따라서 호텔 그린마케팅의 내부영향요인은 서비스의 가치에 긍정적인 영향을 미친다고 할 수 없다.

다섯째, 호텔 그린마케팅의 내부영향요인과 호텔서비스 질과의 관계를 분석한 결과 연구가설 5의 경로계수는 0.04 값으로 양(+)의 값으로 나타났다. 또한 유의확률 값이 유의수준 0.05에서 통계적으로 유의하지 않기 때문에 연구가설이 기각되었다. 따라서 호텔 그린마케팅의 내부영향요인은 호텔서비스의 질에 긍정적인 영향을 미친다고 할 수 없다.

여섯째, 호텔서비스의 질과 서비스 가치와의 관계를 분석한 결과 연구가설 6의 경로계수는 0.47 값으로 양(+)의 값으로 나타났다. 또한 유의확률 값이 유의수준 0.05에서 통계적으로 유의하기 때문에 연구가설이 채택되었다. 따라서 호텔서비스의 질은 호텔서비스의 가치에 긍정적인 영향을 미친다.

일곱째, 호텔서비스 가치와 소비자의 구매결정과의 관계를 분석한 결과 연구가설 7의 경로계수는 0.27 값으로 양(+)의 값으로 나타났다. 또한 유의확률 값이 유의수준 0.05에서 통계적으로 유의하기 때문에 연구가설이 채택되었다. 따라서 호텔서비스의 가치는 호텔고객의 구매결정에 긍정적인 영향을 미친다.

여덟째, 호텔서비스의 질과 소비자의 구매결정과의 관계를 분석한 결과 연구가설 8의 경로계수는 0.16 값으로 양(+)의 값으로 나타났다. 또한 유의확률 값이 유의수준 0.05에서 통계적으로 유의하기 때문에 연구가설이 채택되었다. 따라서 호텔서비스의 질은 호텔고객의 구매결정에 긍정적인 영향을 미친다.

분석결과 <표 4-3>과 같이 가설 1, 가설 2, 가설 3, 가설 6, 가설 7 가설 8의 경우에 유의수준 0.05에서 통계적으로 유의한 결과가 나타났기 때문에 가설이 채택됨을 알 수 있고, 가설 4와 가설 5의 경우 유의수준 0.05에서 통계적으로 유의하지 않았기 때문에 가설이 기각됨을 알 수 있다. 그러나 가설 4의 경우 유의수준 0.05에서는 통계적으로 유의한 결과가 나타나지 않았기 때문에 가설이 기각되었지만, 유의수준 0.1에서는 통계적으로 유의한 결과가 나타나기 때문에 가설이 채택될 수 있다.

# 제5장 결 론

## 제1절 연구의 요약 및 시사점

본 연구는 호텔의 그린마케팅에 관한 연구로서 그린마케팅과 호텔마케팅에 관한 기존연구를 이론적으로 고찰한 후 호텔 그린마케팅의 중요성을 제시하고 그린마케팅 영향요인과 호텔서비스의 질과 가치 그리고 소비자의 구매결정과의 구조적인 관계를 실증적으로 검증하였다.

본 연구는 호텔서비스 구매결정에 영향을 미치는 그린마케팅 활동요인을 선행연구들에서 제시하고 있는 요인 중에서 호텔기업의 외부영향요인과 내부영향요인으로 설정하였다. 여기서 외부영향요인은 정부의 법적규제, 소비자의 환경민감성, 그린시장의 규모 등으로 설정하였으며 내부영향요인은 최고 경영자의 환경에 대한 민감성, 환경 담당부서(담당자)의 유무, 환경관리 수준으로 설정하였다. 이와 같은 호텔 그린마케팅 활동은 호텔서비스의 질과 가치를 향상시키게 되며, 이는 결국 소비자의 구매활동에 영향을 미치게 되므로 재구매의도 및 추천의도에 긍정적인 영향을 미쳐서 호텔의 이윤을 증가시키게 된다. 본 연구에서는 이들의 관계를 분석하기 위한 모형과 가설을 설정하였으며 가설의 검증결과는 다음과 같다.

첫째, 호텔 그린마케팅의 외부영향요인(법적규제, 소비자의 환경민감성, 그린시장의 규모)은 내부영향요인에 긍정적인 영향을 미치는 것으로 나타났다. 정부에서 시행하는 법적규제는 반드시 순응해야 하는 강제적인 규범 및 압력으로 작용하고 있으며 소비자는 호텔의 환경적 성과에 직접적인 이해당사자이다. 환경친화성 및 안전성에 대한 소비자의 요구는 호텔 그린마케팅을 수행하게 되는 요인으로 작용하고 있다. 그린시장의 규모는 차별화된 그린마케팅 활동으로 경쟁우위를 확보하기 위한 범위로서 호텔기업 내부요인에 영향을 미친다.

따라서 호텔은 정부의 법적규제나 세금부과와 같은 것을 반드시 따라야 하며 소비자의 환경에 대한 요구에 순응해야 한다. 또한 그린사장의 규모가 커질수록 경쟁우위 차원에서 호텔은 그린마케팅이 요구된다.

둘째, 호텔 그린마케팅의 외부영향요인(법적규제, 소비자의 환경민감성, 그린시장의 규모)이 호텔서비스의 가치에 미치는 영향을 검증한 것으로서 분석결과 외부영향요인은 호텔서비스의 가치에 긍정적인 영향을 미치는 것으로 검증되었다. 즉, 정부의 호텔에 대한 법적규제, 소비자의 환경에 대한 민감성, 그린시장의 규모 등은 서비스 가치에 미치는 주요 영향요인으로 나타났다. 이는 호텔에서 그린마케팅의 외부영향요인이 강하게 작용하면 호텔서비스의 가치가 높아지기 때문에 소비자의 구매결정을 위해서는 먼저 서비스의 가치를 높여야 한다는 것을 실증하는 것이다.

셋째, 호텔 그린마케팅의 외부영향요인(법적규제, 소비자의 환경민감성, 그린시장의 규모)이 호텔서비스의 질에 미치는 영향을 검정한 것으로서 분석결과 외부영향요인은 호텔서비스의 질에 긍정적인 영향을 미치는 것으로 검증되었다. 즉, 정부의 호텔에 대한 법적규제, 소비자의 환경에 대한 민감성, 그린시장의 규모 등은 서비스의 질에 미치는 주요영향요인으로 나타났다. 이는 호텔에서 그린마케팅의 외부영향요인이 강하게 작용하면 호텔서비스의 질이 높아지기 때문에 소비자의 구매결정을 위해서는 먼저 서비스의 질을 높여야 한다는 것을 실증하는 것이다.

넷째, 호텔 그린마케팅의 내부영향요인(최고 경영자의 환경민감성, 환경담당부서 유무, 환경관리수준)이 호텔서비스의 가치에 미치는 영향을 검증한 것으로서 내부영향요인은 호텔서비스의 가치에 긍정적인 영향을 미칠 것이라는 연구가설은 유의수준 0.05에서는 기각되었다. 그러나 본 연구결과는 호텔 그린마케팅의 내부영향요인이 호텔서비스의 가치에 긍정적인 영향을 전혀 미치지 않는다는 것을 의미하지는 않는다. 분석결과 연구가설 4의 경로계수가 0.14 값으로 양(+)의 값으로 나타났고 유의확률(p-value) 값이 유의수준 0.05에서는 통계적으로 유의하지 않았지만 유의수준 0.1 수준에서는 통계적으로 유의한 결과가 나타나기 때문이다.

다섯째, 호텔 그린마케팅의 내부영향요인(최고 경영자의 환경민감성, 환경담당부서 유무, 환경관리수준)이 호텔서비스 질에 미치는 영향을 검증한 것으로서 호텔 그린마케팅의 내부영향요인이 호텔서비스의 질에 긍정적인 영향을 미칠 것이라는 연구가설은 기각되었다. 그러나 이것은 호텔 그린마케팅의 내부영향요인이 호텔서비스의 질에 긍정적인 영향을 전혀 미치지 않는다는 것을 의미하지는 않는다. 분석결과 연구가설 5의 경로계수가 0.04 값으로 양(+)의 값으로 나타났기 때문에 본 분석결과는 통계적으로 유의한 결과를 얻을 수 없음을 의미한다. 따라서 호텔 그린마케팅의 내부영향요인은 호텔서비스의 질에 긍정적인 영향을 미친다고 할 수 없다.

여섯째, 호텔서비스의 질(신뢰, 만족)이 호텔서비스의 가치(논리지향, 행복지향)에 미치는 영향을 검증한 것으로서 호텔서비스의 질은 호텔서비스의 가치 긍정적인 영향을 미치는 것으로 검증되었다.

일곱째, 호텔서비스의 가치(논리지향, 행복지향)가 소비자의 구매결정에 미치는 영향을 검증한 것으로서 호텔서비스의 가치는 소비자의 구매결정에 긍정적인 영향을 미치는 것으로 검증되었다.

여덟째, 호텔서비스의 질이 소비자의 구매결정에 미치는 영향을 검증한 것으로서 호텔서비스의 질은 소비자의 구매결정에 긍정적인 영향을 미치는 것으로 검증되었다. 이는 호텔 그린마케팅으로 인하여 호텔서비스가 향상되면 소비자의 구매결정에 영향을 미쳐서 재구매의도나 추천의도가 증가한다는 것을 확인한 것이다.

본 연구결과가 시사하는 바는 8개의 가설을 검증하는 것 이외에 외부영향요인(법적규제, 소비자의 환경민감성, 그린시장의 규모), 내부영향요인(최고 경영자의 환경민감성, 환경담당부서 유무, 환경관리수준), 호텔서비스 가치(논리지향, 행복지향), 호텔서비스 질(신뢰, 만족), 구매결정이라는 5가지 요인 간의 영향관계를 살펴볼 수 있다.

본 연구에서 호텔서비스의 가치에 영향을 주는 요인들은 호텔 외부영향요인, 호텔 내부영향요인 그리고 호텔서비스의 질이라고 정의하였다. 그러나 이러한 3가지 요인들이 호텔서비스의 가치에 미치는 영향정도는 모두 동일하지 않게 나타나기 때문에 호텔서비스의 가치에 미치는 영향정도를 경로계수 값으로써 살펴볼 수 있다. 즉, 호텔 외부영향요인이 호텔서비스 가치에 미치는 영향정도는 0.32, 내부영향요인이 호텔서비스 가치에 미치는 영향정도가 0.14, 그리고 호텔서비스 질이 호텔서비스 가치에 미치는 영향정도가 0.47로 나타났기 때문에 호텔서비스 가치에 가장 많은 영향을 미치는 요인은 호텔서비스의 질, 다음에는 호텔 외부영향요인, 호텔 내부영향요인 순서대로 영향을 미친다고 할 수 있다.

호텔서비스에 대한 구매결정은 호텔서비스 가치와 호텔서비스 질에 의해서 이루어진다고 정의를 내렸다. 이러한 관계에서도 2가지 요인들이 호텔서비스 구매결정에 미치는 영향정도가 모두 동일하지 않다. 즉, 호텔서비스 가치가 구매결정에 미치는 영향정도가 0.27로 나타났고, 호텔서비스 질이 구매결정에 미치는 영향정도가 0.16으로 나타났기 때문에 호텔서비스 질의 요인보다는 호텔서비스 가치의 요인이 구매결정에 보다 많은 영향을 미친다는 것을 알 수 있다.

마지막으로 호텔 외부영향요인이 호텔 내부영향요인, 호텔서비스 가치, 그리고 호텔서비스 질에 미치는 영향정도를 살펴보면 호텔 외부영향요인이 호텔 내부영향요인에 미치는 영향정도는 0.79, 호텔서비스 가치에 미치는 영향정도는 0.32, 호텔서비스 질에 미치는 영향정도는 0.34,로 나타났기 때문에 호텔 외부영향요인이 가장 많은 영향을 주는 요인은 호텔 내부영향요인 그리고 호텔서비스 질, 호텔서비스 가치 순으로 나타났다.

# 제2절 연구의 한계점 및 향후과제

본 연구에서는 다음과 같은 한계점을 가지고 있으며, 이의 극복을 위해 장래의 연구방향 및 과제를 제시하고자 한다.

첫째, 본 연구는 횡단조사를 통해 수행되었기 때문에 시간의 경과에 따른 그린마케팅의 영향을 설명할 수 없다. 호텔 그린마케팅의 영향은 단기간에 그 결과가 나타나지 않고 일정기간이 지난 후에 나타난다고 볼 수 있으므로 차후에는 종단조사를 통한 연구가 이루어져야 할 것이다.

둘째, 본 연구는 호텔 그린마케팅 시행에 따른 서비스의 구매결정이라는 성과측정을 하였으나 재무적 객관적 평가를 하지 못하고 주관적 평가에 의존하였다는 한계점이 있다. 앞으로 연구는 호텔별로 재무적 성과지표를 측정하여 그린마케팅의 영향요인과 성과 간의 구조적 관계를 살펴보는 것이 타당할 것이며 경제적 관점에서가 아니라 사회적·환경적 성과의 측정에 관한 연구가 이루어져야 할 것이다.

셋째, 본 연구는 서울시내 특급 호텔에 한정하였으므로 연구결과의 일반화 가능성에 대한 한계를 지적할 수 있으며 또한 설문대상을 내국인에게 한정하여 조사한 관계로 외국인의 비중이 높은 특급 호텔에서 외국인의 의견이 반영되지 못하였다는 점에서 표본추출의 한계성을 들 수 있다.

따라서 향후 연구에서는 설문대상을 외국인을 포함한 다양한 소비자의 반응을 살펴보는 것이 타당할 것이다.

마지막으로 환경문제와 관련된 호텔 그린마케팅의 사회적 사명은 환경문제 해결을 위한 효과적인 그린마케팅 전략의 개발이며 이런 점에서 본 연구는 연구과제의 완결이라기보다는 문제해결을 위한 출발점이라고 할 수 있다.

그러므로 앞으로의 연구과제는 본 연구결과를 토대로 효과적인 호텔 그린마케팅 전략을 개발하는 데 연구의 초점이 두어져야 할 것이며, 기존의 연구결과와 더불어 본 연구의 결과에서도 정확하게 규명하지 못한 일치성을 높이는 변수의 개발을 위해 타 분야의 이론을 접목시키기 위한 노력과 실증적인 연구가 지속적으로 이루어져야 할 것이다.

# 참고 문헌

## 1. 국내문헌

### 1) 단행본

김근배 外 7명(1998), 「환경마케팅」, 영풍문고.

신재영·송성인(1997), 「호텔경영론」, 백산출판사.

여훈구(1995), 「그린마케팅」, 안그라픽스.

윤훈현(1989), 「현대소비자행동론」, 석정.

이두호·김형철·김종석(1993), 「인간환경론」, 나남출판사.

이병욱(1997), 「환경경영론」, 비봉출판사.

이정전(1994), 「녹색경제학」, 한길사.

이학식·안광호(1994), 「소비자행동」, 법문사.

장흥섭·구동문 역(1997), 「그린마케팅」, 켄 피아티 저, 삼영사.

정헌배(1997), 「그린시대의 환경마케팅」, 규장각.

차석빈·김홍범·김우곤·윤지환·오홍철(2001), 「다변량 분석의 이론과 실제: 관광학 사례를 중심으로」, 학현사.

최태광(2000), 「관광마케팅」, 백산출판사.

후지모리 케이죠(1997), 「지구를 지키는 기업전략」, 한승.

## 2) 논 문

구동모(1999), "환경지향적 소비자의 제품구매행동과 재활용 행동", 경북대학교 박사학위논문.

김봉(1995), "관광기업의 그린마케팅 전략에 관한 연구", 「한라전문대학 논문집」, 제19집. pp.247-262.

김경훈·방봉혁(1998), "환경기업가형 마케팅전략의 환경요인과 핵심가치 간의 관계에 관한 연구", 「소비자문화연구」, 제2권 제2호.

김경훈·방봉혁·김동율(2000), "환경기업가형 마케팅전략의 영향요인과 성과에 관한 연구", 「마케팅연구」, 제15권 제3호.

김대권(1995), "호텔서비스 품질에 대한 소비자의 평가에 관한 연구", 동국대학교 대학원 박사학위논문.

김유희(1994), "환경오염 문제에 대응한 기업의 그린마케팅 전략", 세종대학교 대학원 석사학위논문.

김은숙(1997), "호텔기업의 종합적 품질 경영이 성과에 미치는 영향", 서울여자대학교 대학원 박사학위논문.

김재일·이유재·김주용(1996), "서비스산업의 현황에 대한 실증연구", 「소비자 연구」, 제7권 2호.

김종의(1993), "소비자 환경관심도와 환경제품 구매의도와의 상관관계 연구", 숙명여자대학교 경제연구소 「논문집」, 제21·22집.

김종의·한동녀(1998), "그린마케팅의 성과요인에 대한 소고", 숙명여자학교 「경제경영논집」, 제28호.

노영화(1997), "우리나라 기업의 환경경영유형에 관한 연구", 연세대학교 대학원 박사학위논문.

노정구(1995), "녹색소비자의 특성분석 그린마케팅 전략을 위한 제언", 부산대학교 대학원 박사학위논문.

박세진(2000), "국내 특급 호텔 이용객의 그린 환경의식에 관한 연구"세종대학교 대학원 석사학위논문.

문상길(1993), "그린마케팅 전략에 관한 연구", 서울대학교 대학원 석사학위논문.

박중환(1995), "호텔서비스평가에 관한 연구", 동아대학교 대학원 박사학위논문.

백용창(1999), "패밀리레스토랑 이용 고객의 구매의사 결정에 관한 연구", 동아대학교 대학원 박사학위논문.

성봉석(2000), "기업의 환경경영전략 영향요인 및 성과에 관한 연구", 충남대학교 대학원 박사학위논문.

신상미(2001), "그린마케팅의 효과적인 전개방안에 관한 연구", 건국대학교 대학원 석사학위논문.

안창희(2000), "국내 그린마케팅 현황 및 전략에 관한 연구", 이화여자대학교 대학원 석사학위논문.

안태열(2003), "외식업체의 고객관계 마케팅이 경영성과에 미치는 영향", 경원대학교 대학원 박사학위논문.

오석윤(1998), "환경문제에 대응한 국내호텔기업의 그린마케팅 전략에 관한 연구", 세종대학교 대학원 석사학위논문.

이유재, 김우철(1998) "물리적 환경이 서비스 품질평가에 미치는 영향에 관한 연구: 이업종 간 비교."「마케팅연구」, 제13권 제1호, pp.61-86.

우정섭(2001), "그린소비자와 일반소비자의 그린제품 구매형태 차이에 관한 연구" 영남대학교 대학원 석사학위논문.

윤서준·김준화(1998), "환경친화적 태도 및 행위에 관한 소비자인식과 기업의 그린 커뮤니케이션 전략", 「광고연구」, 제41호 pp.25-46.

윤용보·박명만(1997), "관광업계에서 그린마케팅에 관한 연구", 한국관광정보학회, 「관광정보 연구」, pp.35-53.

이기춘 외 공저(1996), "소비자의 환경친화적 제품에 대한 구매의사", 한국소비자학회 「소비자학 연구」, 제7권 제1호.

이성호(1995), "서비스 인카운터에서 소비자의 서비스 질 인식에 미치는 영향요인에 관한 연구", 경남대학교 대학원 박사학위논문.

이수열(1995), "호텔식당선택의 물적 환경속성에 관한 탐색적 연구", 「호텔경영학연구」, 제4권 제1호, pp.61-86.

이제빈(1999), "고객만족 요소가 소비자의 재구매 의사결정에 미치는 영향", 인하대학교 대학원 박사학위논문.

이호건(2000), "그린소비자의 특성과 그린제품 구매의도에 관한 연구", 영남대학교 대학원 박사학위논문.

이희천(1997), "호텔기업의 내부 마케팅이 종업원의 태도와 서비스 품질 및 고객반응에 미치는 영향에 관한 실증 연구", 경성대학교 대학원 박사학위논문.

전주형(1996), "여행업의 서비스평가에 관한 연구", 경기대학교 대학원 박사학위논문.

조선배(1994), "호텔서비스 구매의도에 대한 영향요인 연구", 광운대학교 대학원 박사학위논문.

___(1998), "지각된 내외적 가격단서가 서비스 품질과 소비자만족에 미치는 영향", 한국마케팅학회 「춘계학술발표회 논문집」, pp.77-92.

최영규(1998), "녹색소비자의 특성과 마케팅전략에 관한 연구", 청주 대학교 대학원 박사학위논문.

한동녀(1998), "환경제품에 대한 소비자의 선호성향과 구매의도의 영 향요인 연구", 숙명여자대학교 대학원 박사학위논문.

한진수(1998), "호텔기업의 관계마케팅 활동과 성과의 구조적 관계연 구", 경성대학교 대학원 박사학위논문.

황인창(1990), "생태적 마케팅의 효율적 전개를 위한 환경의식적 소 비자의 특성 분석", 전남대학교 대학원 박사학위논문.

## 3) 정기간행물

김종의(1993), "소비자 환경관심도와 환경제품 구매의도와의 상관관계 연구", 숙명여자대학교 경제연구소「논문집」, 제21 · 22집.

노영화(1994), "환경상품의 광고기준에 관한 연구",「광고연구」, 제25 호 겨울호 p.150.

대한상공회의소(1997),「21세기 환경시장성장에 대응한 기업의 경영 전략」.

박민순(1994), "대우의 환경경영 추진과 ISO14000에 대한 대응",「환경보 전」, 제16권 제269호 8 pp.12-17.

박제기(1991), "기업의 사회적 책임과 그린마케팅",「광고정보」, 통권 120호. pp.37.

박종원(1995), "그린마케팅 전략", 월간「마케팅」, 제29권 11호 p.39.

신창국(1995), "환대산업의 국제경영전략" 경원대학교 경제경영연구 소「경영 논총」, 제4권.

여훈구(1996), "외국기업의 그린마케팅 전략",「마케팅」, 제30권 제5

호 pp.18-22.

윤훈현(1992), "그린마케팅이 나아가야 할 방향", 「광고정보」, 통권 136호 pp.36.

이두희(1991), "녹색마케팅", 「경향신문」, 5월 1일.

장흥섭(1995), "그린광고 전략과 그 한계점", 「광고연구」, 제27호 pp.70-71.

정규엽·오석윤(1999), "국내 특급 호텔 그린마케팅 정책에 대한 이용객들의 지각에 관한 연구", 『한국 호텔 경영학연구』, Vol.8, No.1, p.98. 제8권 제1호 p.98.

최병용(1996), "소비자들의 그린의식 및 특성에 관한 연구," 「광고연구」, 여름호, pp.89-113.

홍영표(1991), "그린마케팅", 「광고정보」, 통권 120호 pp.61-65.

현대환경연구원(1999), 「환경VIP리포트」, 제34호.


http:// www.lgeri.com/progect/lgeir003.nsf

http;// www.seri.org/fr/fpdsV.html

## 2. 외국문헌

1) 단행본

Elkington, John & Knight, Peter(1991), The Green Business Guide. London: Victor Gollance, Inc.

Henion, Karl E(1976), Eeological Marketing. Columbus, Ohio: Grid,

Inc.

Kotler, Philip & Armstrong(1997), Gary. Marketing: An Introduction, 4th ed. Englewood Cliffs, NJ: Prentice- Hall, Inc.

Nummally, J. C. Psychometric Theory(1978), New York: McGraw-Hill Book Co.

Ottman, Jacquelyn A(1992), Green Marketing. Chicago, IL: NTC Business Books.

Peattie, Ken(1995), Environmental Marketing Management: Meeting the green challenge, Practice, Theory, and Research. NY: The Haworth Press, Inc.

_____(1992), Green Marketing. UK: The M+E Handbooks.

Polonsky(1995), Michael J. & Mintu Wimastt, Alma. Environmental Marketing Strategies, Practicem, Theory, and Research. NY: The Haworth Press, Inc.

Quick(1984), James C. & Quick Jonathan D. Organizational Stress and Preventive Management. New York: McGraw-Hall Book Company.

2) 논문 및 정기간행물

Allison, Neil K.(1978), "A Psychometric Development of a Test for Consumer Alienation from the Marketplace" Journal of Marketing Research, Vol.15, November, pp.565-575.

Anderson, W. Thomas Jr. & Cunningham, William H.(1972), "The Socially Conscious Consumer", Journal of Marketing, 36. July, pp.23-31.

Anderson, W. Thomas Jr. Henion II, Karl E. & Cox, Eli P.(1974), "Sociallyvs. Ecologically Concerned Consu- mers" in 1974 Combined Proceedings, Chicago, IL: American Marketing Association.

Antil, John H.(1984), "Socially Responsible Consumers: Profile and Implications for Public Policy" Journal of Macromarketing, Fall, pp.18-39.

Arndt, J.(1983), "The Political Economy Paradigm: Foundation for Theory Building in Marketing", Journal of Marketing, Vol.47, pp.44-54.

Baker, Julie(1987), "The Role of the Environment in Marketing Services: The Consumer Perspective," in The Services Challenge: Integrating for Competitive Advantage, John A. Czepiel, Carole A. Congram, and James Shanahan, eds. Chicago: American Marketing Association, pp.79-84.

Balderhahn, Ingo.(1988), "Personality Variable and Environmental Attitude as Predictors of Ecologically Responsible Consumption Patterns" Journal of Business Research, Vol.17, pp.51-56.

Barber, James G. Winfield, Anthony H. & Mortimer, Karl(1986), "The Personal Interests Questionnaire: A Task Specific Measure of Locus of Control and Motivation for Use in Learned Helplessness Research" Personality and Indivisal Differences, 7(3), p.312.

Baylis, R., L.(1998), Connell, and A. Flynn, "Sector Variation and Ecological Modernization: Towards and Analysis at The Level of The Firm", Business Strategy and the Environment,

Vol.7, No.3, pp.150-161.

Berry, L. L., and Parasurman(1991), A., Marketing Services: Competing Through Quality, The Free Press.

Bitner, M. J., Booms(1990), B. H. and Tetreault, S., "The Service Encounter Diagnosing Favorable and Unfavorable Incidents," Journal of Marketing, Vol.54, January, pp.71-84.

Bitner, M. J(1990), "Evaluating Service Encounter: The Effects of Physical Surrounding on Employee Responses." Journal of Marketing, Vol.54.(Apr).

Bolton, R. N. and Drew, J. H(1991)., "A Multistage Model of Customers' Assessments of Service Quality and Value," Journal of Consumer Research, Vol.17(Mar).

Bolton, R. N. and J. H. Drew(1991), "A Multistage Model of Customer's Assessments of Service Qualtiy and Value," Journal of Consumer Research, Vol.17, pp.375-384.

Brown, Margaret(1996), "Environmental policy in the Hotel Secton: 'green' Strategy or Stratagem?", International Journal of Contemporary Hospitality Management, Vol.8, No.3, pp.18-23.

Bonifant, B. C., M. B. Arnold, and F. J. Long(1995), "Gaining Competitive Advantage Through Environ- mental Investments", Business Horizons, July-August, pp.37-47.

Cebon. P. B.(1993), "The Myth of Best Pratices: The Context Dependence of Two High-performing Waste Reduction Programs", in Fischer, K., and J. Schot(eds.), Environmental Strategies for Industry: International Perspectives on

Research Needs and Policy Implications, Washington, D.C., Island Press, pp.167-200.

Chan, T. S.(1996), "Concerns for Environmental Issues and Consumer Purchase: A Two-Country Study" Journal of International Consumer Marketing, Vol.9(1), p.43.

Churchill, Jr. G. A. & Surprenant, C(Nov. 1982), "An Investigation into the Determinants of Customer Satisfaction," Journal of Marketing Research, pp.491- 504.

Conlin, J.(2000), "Green-hotel concept spourts ardent following", Hotel and Motel Management, pp.61-63.

Cronin, J. J. and Taylor, S. A(1992), "Measuring Service Quality: A Reexamination and Extention," Journal of Marketing, Vol.56(Jul).

Crosby, Lawrence A, Gill, James D. & Taylor, James R.(1981), "Consumer/Voter Behavior in the Passage of the Michigan Container Law", Journal of Marketing, 45. Spring, pp.19-32.

Cronin, J. J. Jr. & Taylor, S. A.(1994), "SERVPERF Versus SERVQUAL: Reconciling Performance Based and Perceptions Minus Expectations Measurement of Service Quality," Journal of Marketing, Vol.58, January, p.127.

David Kirk(1995), "Environmental Management in Hotels", International Journal of Conemporary Hospitality management, Vol.7, No.6, pp.3-8.

Day, G. S., and P. Nedungadi(1994), "Managerial Representations of Competitive Advantage", Journal of Marketing, Vol.58, pp.31-44.

Dodds, W. B(1991), "In Search of Value: How Price and Store Name Information Influence Buyer's Product Perception," Journal of Consumer Marketing, Vol.18.

Dresden, C. E.(1999), "The Drive Toward Environmental Sustainability: A Grounded-Theory Study of the Impact of Environmental Activities on Supplier Relationships in the U.S. and German Automotive Industries", Doctoral Dissertation, University of South Carolina.

Elkington, J.(1994), "Towards the Sustainable Corporation: Win-Win-Win Business Strategies for Sustainable Development", California Management Review, Vol.36, No.2, pp.90-100.

Elsonhart, Tom(1990), There's Gold in that Garbage, Bustness Marketing(March), pp.20-21. Lovelock, C. H(1991), Service Marketing, Prentice-Hall.

Frankel, Carl(1992), "Blueprint for Green Marketing", American Demographics, April, pp.34-38.

Fineman, S., and K. Clarke(1996), "Green Stakeholders: Industry Interpretations and Response", Journal of Management Studies, Vol.33, 6, pp.715-730.

Florida, R(1996), "Lean and Green: The Move to Environmentally Conscious Manufacturing", California Management Review, Vol.39, No.1, pp.80-105.

Ghobadian, A., H. Viney, J. Liu, and P. James(1998), "Extending Linear Approaches to Mapping Corporate Environmental

Behaviour", Business Strategy and the Environment, Vol.7, No.1, pp.12-23.

Gill, James Dm Crosby, Sawrence A, & Taylor, James R(1986), "Ecological Concern, Attitudes, and Social Norms in Voting Behavior", Public Option Quarterly, 50, Winter, pp.537-554.

Granzin, Kent L. & Olsen, Janeen E(1991), "Characterizing Participants in Acivities Protecting Environment: A Focus on Donating, Recycling, and Conservation Behavior" Journal of Public and Marketing. Vol 10(2), Fall, pp.1-27.

Gronroos, C.(1981), "Internal Marketing: An Integral Part of Marketing Theory," in J. H. Donnell and W. R. George(eds.), Marketing of Services, AMA, pp.236- 238.

Gronroos, C.(1983), Strategic Management and Marketing in Service Sector, Marketing Science Institute.

Hall, R. H.(1991), Organizations: Structures, Processes, and Outcomes. Englewood Cliffs, New Jersey, Prentice-Hall Inc.

Henriques, L., and P. Sadorsky(1996), "The Determinants of an Environemtal Responsive Firm: An Empirical Approach", Journal of Environmental Economics and Manaement, Vol.30, No.3, pp.381-395.

_____(1999), "The Relationship between Environmental Commitment and Managerial Perceptions of Stake- holder Importance", Academy of Managemeny Journal, Vol.42, No.1, pp.87-99.

Hettige, H., M. Huq, S. Pargal, and D. Wheeler(1996), "Determinants of Pollution Abatement in Developing Countries: Evidence from South and Southeast Asia", World Development, Vol.24, No.12, pp.1891-1904.

Hunt, C., and E. Auster(1990), "Proactive Environmental Management: Avoiding the Toxic Trap", Sloan Management Review, Vol.31, No.2, pp.7-18.

James L. Heskett, Thomas O. Jones, Gary W. loveman, W. Earl Sasser, Jr., and Leonard A. Schlesinger(1994), "Putting the Service-Profit Chain to Work" Harvard Business Review, pp.164-174.

Jaworski, B. J., and A. K. Kohli(1993), "Market Orientation: Antecedents and Consequences". Journal of Marke- ting, Vol.57, pp.53-70.

Jennings, D., and P. Zandbergen(1995), "Ecologically Sustainable Organizations: An Institutional Approa- ch", Academy of Management Review, Vol.20, pp.1015-52.

Kerin, A, Jain, R. A, and Howard, D. J.(1992), "Store Shopping Experience and Consumer Price-Quality- Value Perceptions," Journal of Marketing Research, Vol.68(win), pp.376-397.

Kinnear, Thomas C, Taylor, James R & Ahmed, Sadurudin A(1974), "Ecologically Concernde Consumers: Who Are They?". Journal of Marketing, 38, April, pp.20-24.

Kirk, Iwanowski and Cindy Rushmore(1994), "Introducing the Eco-Friendly Hotel", The Cornell H. R. A. Quarterly, pp.34-38.

Konar, S., and M. A. Cohen(1997), "Why Do Firms Pollute(and Reduce) Toxic Emission?", Working Paper, Owen GSM Vanderbilt University.

Lanjouw, J. O., and A. Mody(1993), "Stimulation Innovation and the International Diffusion of Environmentally Responsive Technology: The Role of Expenditures and Institutions", mimeo.

LeBlanc, G.(1992), "Factors Affecting Customer evaluation of Service Quality in Travel Agencies: An Inves- tigation of Customer Perceptions," Journal of Travel Research, Spiring, pp.10-16.

Lehntinen U, Lehntinen G.(1982), "Service Quality: A Study of Quality Dimensions," Unpublished Working Paper, Helsinki: Service Management Institute, Finland OY.

Lewis, B. R(1991), "Service Quality: An International Comparison of Bank Customers' Expectations and Perceptions," Journal of Marketing Management, Vol.7 p.49.

Maloney, Michael P, Ward, Michael P, & Braucht, G, Nicholas(1975), "A Revised scale for the American Psychologist, 30, July, pp.787-790.

Mano, Haim and Richard L. Oliver(1993), "Assessing the Dimensionality and Structure of the Consumption Experience: Evaluation, Feeling, and Satisfaction," Journal of Consumer Research, 20(Ddc), p451-466.

Menon, A., and A. Menon(1997), "Enviropreneurial Marketing Strategy: The Emergence of Corporate Environmentalism as

Market Strategy", Journal of Marketing, Vol.61, pp.51-67.

Mohaim Paul & Twight, Ben W(1987), "Age and Environmentalism: An Elaboration of the Buttel Midel Using National Survey Evicence", Scocial Science Quarterly, Vol.68, December, pp.798-815. Monroe, K. B.(1990), "Pircing, Marking Profitable Decisions", New-York, McGrow-Hill.

Oberoi, Usha and Colin Hales(1990), "Assessing the Quality of the Conference Hotel Service Product: Toward an Empirically Based Model" The Service Industries Journal, Vol.10, No.4, pp.705-707. Oliver, C.(1997a), "Sustainable Comperitive Advantage: Combining Institutional and Resource-Based Views" Strategic management Journal, Vol.18, pp.697-713.

_____(1997b), "The Influence of Institutional and Task Environment- Relationships on Organizational Perfor- mance: The Canadian Construction Industry", Journal of Management Studies, Vol.34, No.1, pp.99-124.

Oliver, R. L(1980), "A Cognitive Model of the Antecedents and Consequences of Satisfaction Decisions," Journal of Marketing Research, Vol.17, November, pp.460- 469.

Ottman A Jacquelyn(1994), "Green Marketing"(NCT Business Books) Chicago.

Ottman, J. A.(1992) "Industry's Response to Green Consumerism", Journal of Business Strategy, Vol.3, No.4, pp.3-10.

Parasuraman, A., Zeitharmal, B. A, and Berry, L. L(1985), "A Conceptual Method of Service Quality and Its Implications for Future Research," Journal of Marketing, Vol.49, Fall, pp.41-50.

_____(1988), "SERVEQUAL: A Multiple-Item Scale for Marketing Consumer Perception of Service Quality," Journal of Retailing, 64 Spring, pp.13-30.

_____(1994), "Reassessment of Expectation as a Comparison Standard in Measuring Service Quality: Implications for Further Research," Journal of Marketing, Vol.58, pp.111-124.

Parasuraman, A., Zeithaml, V. A., and Berry(1985), "Communication and Control Process in the Delivery of Service Quality," Journal of Marketing, Vol.52- (Apr).

Parasuraman, A, Zeithaml, V. A., and Berry, L. L(1991), "Refinement and Reassessment of the SERVQUAL Scale," Journal of Retailing, Vol.67, No.4(Win).

Peter, J. P and Olson(1990), "J. C: Consumer Behavior and Marketing Strategy", Irwin, pp.75-80.

Pfeffer, J., and J. Salancik(1978), "The Exeternal Control of Organizations: A Resource Dependence Perspective, New York, Harper and Row.

Randall, L. and Senior, M(1996), "Training for Service Quality in the Hospitality Industry," Service Quality in Hospitality Organizations, Eds. Olson, M. D., Teare, R., and Cassell, E. G.

Randall, S. and Senior(1992), M, Managing and Improving Service Quality and Delivery, Technical Communi- cations Publishing.

Rokeach, M. J(1968), Beliefs, Attitudes and Values, San Francisco,

Jossey-Bass.

Rokeach, M. J(1973), The Nature of Human Values, Free Press.

Rondinelli, D. A., and G. Vastag(1996), "International Environmental Standards and Corporate Policies: An Integrative Framework", California Management Review, Vol.39, No.1, pp.106-122.

Roome, N.(1992), "Developing Environmental Management Strategies: Linking Quality and the Environment", Business Strategy and the Envronment, Vol.1, No.1, pp.11-24.

Rothschild, Michael J.(1979), "Marketing Communications in Nonbusiness Situations of Why It's So Had to Sell Brothehood Like Soap", Journal of Markering 43. Spring, pp.11-20.

Rotter, Julian B(1966), "Generalized Expectancies for Internal Versus External Control of Reinforement", Psychological Monograhps, Vol. 80(1), p.609.

Rust, Roland T. and Richard L. Oliver(1994), "Service Quality: New Diections in Theory and Practice," Thousand Oaks, California: Sage Publications.

Rust, R. T., Zahorik, A. J., and Keinngham, T. L(1996), Service Marketing, Harper Collins College Publis- hers.

Samdahl, Diane M. & Robertson, Rober(1989), "Social Determinants of Environmental Concer: Specification and Test of the Variables", Environment and Behavior, Vol.21, January, pp.57-81.

Schahn, Jachin(1990), "Studies of Individual Environmental Concern-

The Role of Knowledge, Gender and Background Variables",
Environment and Behavior, 22(6), pp.767-786.

Schuhwerk, M. E., E., and R. Lefkoff-Hagius(1995), "Green or
Non-Green? Does Type of Appeal Matter When Advertising
a Green Product?", Journal of Advertising, Vol.24, pp.45-54.

Schwepker, Jr. Charles H. & Cornwell, T. Bettina(1991), "An
Examination of Ecologically Concened Consumers and Their
Intention to Purchase Ecologically Packaged Products",
Journal of Public Publicy and Marketing, Vol.10(2), Fall,
pp.770-771.

Scott, K. D. and Taylor, G. S.(1985), "An Examination of Conflicting
Findings on the Relationship between job Satisfaction and
Absenteeism: A Meta-Analysis," Academy of Management
Journal, September, pp.599-612.

Shanklin, C.(1993), "Ecology Age: implications for the hospitality and
tourism industry", Hospitality Resarch Journal, Vol.17, No.1,
pp.221-229.

Sharfman, M., R. T. Ellington, and M. Meo(1997), "The Next Step
in Becoming 'Green': Life-Cycle Oriented Environmental
Management", Business Horizons, May-June, pp.13-22.

Sharma, S.(1995), "Corporate Environmental Responsiveness Strategies
and Competi-tiveness in the North American Oil and Gas
Industry", Doctoral Disser- tation, University of Calgary,
Alberta.

Sheth, J. N, Bruce I. Newman, and Barbara L. Gross(1991),

"Consumption Values and Market Choice, Theory and Applications" South-Western publishing Co.

Shrivastava, P.(1995a), "Ecocentric Management for A Risk Society", Academy of Management Review, Vol.20, No.4, pp.118-137.

_____(1995b), "The Role of Corporations in Achieving Ecological Sustainability", Academy of Management Review, Vol.20, No.4, pp.936-960.

_____(1995c), "Environmental Technologies and Competitive Advantage", Strategic Management Journal, Vol.16, Special Issue, Summer, pp.183-200.

Siebent, C.(January. 1995), "Composting in paradise", Vogue, pp.86-89.

Spence, H. E., Engel, J. F., and Blackwell, R. D.(1970), "Perceived Risk in Mail Order and Retail Store Buying," Journal of Marketing Research, pp.307-310.

Steger, U.(1993), "The Greening of the Board Room: How German Companies Are Dealing With Environmental Issues", in Fischer, K, and J. Schot(eds.), Envrionmental Strategies for Industry: International Perspectives on Research Needs and Policy Implica-tions, Washington, D.C., Island Press, pp.147-166.

Stern, Paul C, Dietz, Thomas & Kalof, Linda(1993), "Value Orientation, Gender and Environment Concern", Environment and Behavior, 35(3), pp.332-348.

Stipanuk, Dave.(1984), "CoGeneration: A Way to Cut Energy" The Cornell H. R. A Quarterly, Vol.24, No.4, pp.44-50.

Stipanuk, David M, and Jack D. Ninemeire(1996), "The Future of the U.S Lodging Industry and Environ- ment", Cornell H. R. A Quarterly Dec. pp.84-85, pp.40-45.

Tensie Whelan(1991), Nature Tourism: Management for the Environment, Washington DC: Island press, p.11.

Themblay, Kenneth R. & Dunlap, Riley E(1978), "Rural Urban Resience and Concern with Environmental Quality: A Replication and Extension", Rural Sociology, 43, Fall, pp.57-81.

Thompson, Suzanne C(1981), "Will It Hurt Less If I Can Control It? A Complex Answer to a Simple Question", Psychological Bulletin, Vol.90(1), pp.89-101.

Tse, David K. and Peter C. Wilton(25. May. 1988), "Models of Consumer Satisfaction An Extension", Journal of Marketing Research, pp.12-204.

Tse, David K. and Peter C. Wilton(1988), "Models of Consumer Satisfaction Formation: An Extension," Journal of Marketing, October, 18-34.

Van Loere, Dent D. & Dunlap, Riley E(1981), "Environmental Concern: Does It Mke a Differnce How It Is Measured?" Environmental and Behavior, 13, Nove- mber, pp.651-676.

_____(1980), "The Social Bases of Environmental Conern: A Review of Hyoptheses, Explanations, and Empirical Evidence", Public Option Quarterly. Vol.44, pp.181- 197.

Walley, Noah & Whitehead, Bradley(1994), "It's Not Easy Being

Green", Harvard Business Review, Vol.72, No.3, May-June, pp.46-52.

Wamsley, G. L., and M. N. Zald(1973), "The Political Economy of Public organizations", Public Adminis- tration Review, Vol.33, pp.62-73.

_____(1976), The Political Economy of Public Organizaitons, Bloomington, Indiana, Indiana University Press.

Webster, Frederick E. Jr(1975), "Determining the Characteristies of the Socially Conscious Consumer", Hourmal of Consumer Research, 2m December, pp.188-196.

Winsemius, P., and U. Guntram(1992), "Responding to the Envrionmental Challenge", Business Horizons, March-April, pp.12-20.

W. Loveman, W. Earl Sasser, Jr., and Leonard A. Schlesinger(1994), "Putting the Service-Profit Chain to Work", HARVARD Business Review, pp.164-174.

Woodside, A. G., Frey, L. L., and Daly, R. T(1989), "Linking Service Quality, Customer Satisfaction and Behavioral Intentions," Journal of Health Care Marketing, Vol.9.

Yi, Y.(1990), A Critical Review of Consumer Satisfaction, in Review of Marketing, V. A. Zeithaml, ed. Chicago, IL: American Marketing Association, pp.68-123.

Zald, M. N.(1970), "Political Economy: A Framework for Comparative Analysis", in Zald, M. N(ed.), Power in Organizaions, Nashville, Vanderbilt University Press, pp.221-261.

Zeithaml, V. A(1988), "Consumer Perceptions of Price, Quality and Value: A Mean End Model and Systhesis of Evidence", Journal of Marketing, Vol.52(Jun), p.6.

Zikmued, Willian G. & Stanton, Willia, J(1971), "Recycling Solid Water: A Channel of Distribution Problem", Journal of Marketing, Vol.35, July, pp.34-39.

Zimmer, Mary R, Stafford, Thomas F. & Stafford, Marla Royne(1994), "Green Issues: Dimensions of Environ- mental Concern", Journal of Business Research, Vol.30, No.1, May, pp.63-74.


大橋熙技(1994), "環境代應의 商品" 週刊 東洋經濟, 弟5203号, pp.148-151.

IHEI, http://island,org/ihei,htm

<호텔 그린마케팅 설문지>

# 그린마케팅이 호텔서비스 購買決定에
# 미치는 影響에 관한 研究

안녕하십니까?

본 설문지는 호텔 그린마케팅에 관한 연구를 목적으로 만들었습니다.

설문에 대한 답은 맞고 틀리는 것이 없으며, 해당 설문항목에 귀하의 생각을 솔직하게 적어 주시면 됩니다.

귀하께서 응답하신 내용은 연구 목적에만 국한하여 사용될 것입니다.

부디 바쁘시더라도 잠시 시간을 내시어 응답해 주시면 대단히 감사 하겠습니다.

감사합니다.

2004년 2월

◆ 지도교수: 경원대학교 관광경영학과 교수 최태광
◆ 연 구 자: 경원대학교 관광경영학과 박사과정 박오성
◆ 연 락 처: H. P. 011-722-3609,
             e-mail. parkos24@hanmail.net

<표기방법> 아래의 5점 척도 보기를 참고해서 각 질문 항목마다 응답자께서 공감하시는 번호 위에 ∨ 해주시기 바랍니다.

| 인식수준 | 전혀 아니다   아니다   보통   그렇다   매우 그렇다.<br>①----------②------③-----④---------⑤ |
|---|---|

Ⅰ. 호텔서비스 가치에 관한 질문입니다.

각 내용에 대해 일치하는 정도에 따라 ∨해 주시기 바랍니다.

| | |
|---|---|
| 1. 나는 서비스 제공에 적극적인 호텔을 선호한다. | ①---②---③---④---⑤ |
| 2. 나는 사랑과 봉사심이 높은 호텔을 선호한다. | ①---②---③---④---⑤ |
| 3. 나는 안락함을 주는 호텔을 선호한다. | ①---②---③---④---⑤ |
| 4. 나는 안전을 보장해 주는 호텔을 선호한다. | ①---②---③---④---⑤ |
| 5. 나는 편안함을 보장해 주는 호텔을 선호한다. | ①---②---③---④---⑤ |
| 6. 나는 즐거움을 주는 호텔을 선호한다. | ①---②---③---④---⑤ |
| 7. 나는 자유로운 분위기의 호텔을 선호한다. | ①---②---③---④---⑤ |
| 8. 나는 사회적 지위에 걸 맞는 호텔을 선호한다. | ①---②---③---④---⑤ |

Ⅱ. 그린마케팅을 지향하는 호텔에 대한 구매활동을 알아보기 위한 것입니다.

| | |
|---|---|
| 1. 나는 환경을 오염시키는 호텔이라도 서비스에 대한 질이 우수하다면 이용할 용의가 있다. | ①---②---③---④---⑤ |
| 2. 나는 환경보전운동에 적극적으로 노력하는 호텔을 선호한다. | ①---②---③---④---⑤ |
| 3. 나는 가격이 비싸더라도 환경보전에 앞장서는 호텔이라면 이용하겠다. | ①---②---③---④---⑤ |
| 4. 나는 환경보호를 홍보하는 호텔을 이용하겠다. | ①---②---③---④---⑤ |

Ⅲ. 다음은 호텔의 법적규제에 관한 문항입니다.

| | |
|---|---|
| 1. 정부는 환경오염을 유발시키는 기업을 강력하게 규제해야 한다고 생각한다. | ①---②---③---④---⑤ |
| 2. 정부는 환경을 오염시키는 사람에게 더욱더 강한 제재를 가해야 한다고 생각한다. | ①---②---③---④---⑤ |
| 3. 정부는 공해방지시설에 과감히 투자하지 않는 호텔을 엄격하게 처벌해야 한다고 생각한다. | ①---②---③---④---⑤ |
| 4. 정부는 환경을 오염시키는 기업이나 조직의 명단을 공개해야 한다고 생각한다. | ①---②---③---④---⑤ |
| 5. 정부는 재활용이 불가능한 음료수 병이나 용기는 법적으로 사용을 금지시켜야 한다고 생각한다. | ①---②---③---④---⑤ |

Ⅳ. 다음은 환경오염에 대한 소비자의 환경민감성에 관한 질문입니다.

| | |
|---|---|
| 1. 우리나라에서 환경오염 문제는 심각한 문제 중의 하나라고 생각한다. | ①---②---③---④---⑤ |
| 2. 모든 소비자들은 자신이 구입한 제품이 환경에 어떠한 영향을 미치는지에 대하여 관심을 가져야 한다고 생각한다. | ①---②---③---④---⑤ |
| 3. 친구나 주위사람들에게 환경을 오염시키는 제품을 사용하지 않도록 적극 권장해야 한다고 생각한다. | ①---②---③---④---⑤ |
| 4. 비록 생활하는 데 불편함을 느끼더라도 환경을 오염시키는 기업의 제품은 구매하지 않아야 한다고 생각한다. | ①---②---③---④---⑤ |
| 5. 나는 쓰레기를 분리하여 버린다. | ①---②---③---④---⑤ |

## V. 다음은 호텔기업의 환경관리 수준에 대한 질문입니다.

### 식음료부문

| | |
|---|---|
| 1. 나는 음식을 남기지 않은 고객에게 할인 혜택을 주는 호텔을 선호한다. | ①---②---③---④---⑤ |
| 2. 나는 일회용 크림, 설탕, 녹차, 홍차 대신에 용기에 담아 제공하는 것을 선호한다. | ①---②---③---④---⑤ |
| 3. 나는 호텔의 식음료 업장은 완전금연구역으로 해야 한다고 생각한다. | ①---②---③---④---⑤ |

### 객실부문

| | |
|---|---|
| 4. 나는 제품의 질이 떨어지더라도 샴푸, 린스, 비누 등을 재활용품으로 사용할 용의가 있다. | ①---②---③---④---⑤ |
| 5. 나는 호텔에서 칫솔이나 면도기를 주문할 때에만 제공해야 한다고 생각한다. | ①---②---③---④---⑤ |
| 6. 나는 다른 사람이 사용한 문구류를 비치해 놓아도 다시 사용할 용의가 있다. | ①---②---③---④---⑤ |
| 7. 나는 2박 이상 체류 시 고객이 원할 때에만 타월 및 침대보 등을 교체해도 무방하다고 생각한다. | ①---②---③---④---⑤ |
| 8. 나는 욕실 샤워기에서 나오는 물의 속도를 줄여야 한다고 생각한다. | ①---②---③---④---⑤ |

### 기타 부문

| | |
|---|---|
| 9. 나는 호텔의 화장실에서 재활용 화장지를 사용해야 한다고 생각한다. | ①---②---③---④---⑤ |

## VI. 다음은 경영자의 환경민감성에 관한 문항입니다.

| | |
|---|---|
| 1. 호텔의 경영자는 환경문제에 많은 관심을 가져야 한다고 생각한다. | ①---②---③---④---⑤ |
| 2. 호텔의 경영자는 적극적인 환경관리를 해야 경쟁력을 강화시킬 수 있다고 생각한다. | ①---②---③---④---⑤ |
| 3. 호텔의 경영자는 환경관리활동을 적극적으로 추진해야 한다고 생각한다. | ①---②---③---④---⑤ |
| 4. 호텔의 경영자는 호텔 종업원들에게 환경의식을 고취시켜야 한다고 생각한다. | ①---②---③---④---⑤ |

## VII. 다음은 그린시장의 규모에 관한 문항입니다.

| | |
|---|---|
| 1. 호텔산업에서는 그린상품의 개발경쟁이 치열하다고 생각한다. | ①---②---③---④---⑤ |
| 2. 호텔산업에서는 그린마케팅을 통한 기업 차별화 경쟁이 치열하다고 생각한다. | ①---②---③---④---⑤ |
| 3. 호텔산업에서는 그린마케팅에 대한 관심이 있어야 새로운 시장기회를 얻을 수 있다고 생각한다. | ①---②---③---④---⑤ |

## VIII. 다음은 호텔환경 담당부서 및 담당자에 관한 문항입니다.

| | |
|---|---|
| 1. 호텔에서는 환경 부서를 두어야한다고 생각한다. | ①---②---③---④---⑤ |
| 2. 호텔에서는 환경관리업무가 세분화되어 있어야 한다고 생각한다. | ①---②---③---④---⑤ |
| 3. 호텔에서는 환경관리활동에 관한 문서화된 규정을 두어야 한다고 생각한다. | ①---②---③---④---⑤ |

## IX. 호텔에 대한 귀하의 신뢰와 만족을 알아보기 위한 항목들입니다.

| | |
|---|---|
| 1. 호텔은 고객관리에 최선을 다해야 한다고 생각한다. | ①---②---③---④---⑤ |
| 2. 호텔과 종사원들은 고객에게 신뢰감을 주어야 한다고 생각한다. | ①---②---③---④---⑤ |
| 3. 호텔은 광고한 것을 제대로 시행해야 한다고 생각한다. | ①---②---③---④---⑤ |
| 4. 현재 이용하는 호텔이 다른 호텔보다 즐거워야 한다고 생각한다. | ①---②---③---④---⑤ |
| 5. 호텔은 고객에게 정직해야 한다고 생각한다. | ①---②---③---④---⑤ |

## X. 통계처리를 위한 일반사항입니다.

| ▶ 성별 | ① 남자  ② 여자 |
|---|---|
| ▶ 나이 | ① 20세 이하  ② 21~30세  ③ 31~40세<br>④ 41~50세  ⑤ 51~60세  ⑥ 61세 이상 |
| ▶ 직업 | ① 학생  ② 연구직  ③ 판매직  ④ 생산직<br>⑤ 사무직  ⑥ 교수(사)  ⑦ 기타 |
| ▶ 학력 | ① 중졸 이하  ② 고졸  ③ 전문대졸<br>④ 대졸  ⑤ 대학원졸(석사, 박사) |
| ▶ 월평균소득 | ① 100만 원 미만  ② 100~200만 원 미만<br>③ 200~300만 원 미만  ④ 300~400만 원 미만<br>⑤ 400~500만 원 미만  ⑥ 500만 원 이상 |

끝까지 최선을 다해 설문에 응해주신 것에 대해
다시 한번 감사드립니다.

2004년    월    일

· 저자 ·

박오성    · 약 력 ·
朴五盛
경희대학교 대학원 관광경영학과 석사
경원대학교 대학원 관광경영학과 박사

경영지도사, 호텔경영관리사
리버사이드호텔서울총지배인
한국관광서비스학회이사
한국관광무역학회이사
한국강사협회명강사회원
남서울대학교 교수

· 주요논저 ·

「그린마케팅이 호텔서비스 구매결정에 미치는 영향」
「호텔 그린마케팅 전략연구」
「호텔기업의 C R M 적용에 관한 연구」
「우리나라 컨벤션산업의 육성방안」
『관광사업론』
『외식사업론』
『호텔주장경영론』
외 다수

# 호텔 그린마케팅

| | |
|---|---|
| · 초판 인쇄 | 2006년 4월 30일 |
| · 초판 발행 | 2006년 4월 30일 |
| · 지 은 이 | 박오성 |
| · 펴 낸 이 | 채종준 |
| · 펴 낸 곳 | 한국학술정보㈜ |
| | 경기도 파주시 교하읍 문발리 526-2 |
| | 파주출판문화정보산업단지 |
| | 전화  031) 908-3181(대표)·팩스  031) 908-3189 |
| | 홈페이지  http://www.kstudy.com |
| | e-mail(e-Book사업부)  ebook@kstudy.com |
| · 등    록 | 제일산-115호(2000. 6. 19) |
| · 가    격 | 10,000원 |

ISBN  89-534-4976-6 93980 (Paper Book)
      89-534-4977-4 98980 (e-Book)